黑斑蛙人工养殖技术开发及其应用

主　编　廖文波
副主编　吴　龙　金　龙

U0207402

Wuhan University Press
武汉大学出版社

图书在版编目（CIP）数据

黑斑蛙人工养殖技术开发及其应用／廖文波主编；吴龙，金龙副主编. —武汉：武汉大学出版社，2022.8

ISBN 978-7-307-23044-6

Ⅰ.黑… Ⅱ.①廖… ②吴… ③金… Ⅲ.黑斑蛙－蛙类养殖 Ⅳ. S996.3

中国版本图书馆 CIP 数据核字（2022）第 065880 号

责任编辑：周媛媛　　　　责任校对：孟令玲　　　　版式设计：三山科普

出版发行：**武汉大学出版社**　　（430072　武昌　珞珈山）

（电子邮箱：cbs22@whu.edu.cn 网址：www.wdp.com.cn）

印刷：虎彩印艺股份有限公司

开本：787×1092　1/16　　　　印张：10.75　　字数：200千字

版次：2022年8月第1版　　　2022年8月第1次印刷

ISBN 978-7-307-23044-6　　　定价：48.00元

黑斑蛙人工养殖技术开发及其应用
编委会成员

主　编：廖文波　西华师范大学
副主编：吴　龙　遂宁涉水生物科技有限公司
　　　　金　龙　西华师范大学
编　委：潘自力　四川品信饲料有限公司
　　　　唐文刚　四川华侬农业发展有限公司
　　　　廖　伟　遂宁市大江鸿霖种植合作社
　　　　米志平　西华师范大学
　　　　黎大勇　西华师范大学
　　　　曾　燩　西华师范大学
　　　　黄　燕　西华师范大学
　　　　赵　丽　西华师范大学
　　　　陈　川　西华师范大学
　　　　蒋　莹　西华师范大学
　　　　岳映锋　西华师范大学
　　　　邵威杰　西华师范大学
　　　　喻建平　乐山市第一中学校

序

  全球人口快速增长、森林过度砍伐、草原过度放牧、城市化进程加快使环境变化与日俱增，明显影响了野生动物赖以生存的栖息地，从而导致野生动物物种和种群数量急剧下降，部分物种面临灭绝风险。如何合理保护野生动物资源，是摆在动物学工作者面前的一项艰巨任务。

  两栖动物是脊椎动物中对环境变化最为敏感的类群之一，其受环境变化的影响特别明显。随着全球气候变暖，两栖动物的物种和种群数量受到严重威胁。目前，全球两栖动物评估结果表明，约40%的物种正面临不同程度的灭绝风险。因此，推进敏感动物人工养殖技术开发及其应用，对物种保护具有重要的意义。人工繁育是指在人工控制条件下促使亲体的性产物达到成熟、排放和产出，并使受精卵在适宜的条件下生长发育成为良好个体的过程。

  黑斑蛙是常见的两栖动物，广泛分布于我国绝大多数省区市。但是，因人们过度捕捉黑斑蛙和其栖息地的生态环境质量下降，该物种的种群数量急剧减少。因此，研发该物种人工养殖技术并推广应用在物种保护方面有着非常重要的科学意义和实践指导作用，同时，这将为乡村振兴提供重要科技支撑。

  《黑斑蛙人工养殖技术开发及其应用》作者团队依托西南野生动植物资源保护教育部重点实验室、两栖动物人工繁育与其利用南充市重点实验室和西华师范大学两栖动物生态适应研究中心，在两栖动物理论研究和人工养殖技术方面做了大量的研究工作。近年来，该团队建立了遂宁市草鞋垭黑斑蛙人工养殖基地，系统开展黑斑蛙人工养殖理论基础、养殖场地建设、人工繁殖技术开发、饲养管理、养殖病害防控等方面的研究工作，取得了系列新成果。并对川渝地区众多黑斑蛙养殖户进行了深入系统的调查研究，展开深度学习交流，收集了丰富的第一手资料。该书就是这些成果和资料的系统归纳和总结，将为两栖动物栖息地保护及两栖动物种群复壮提供重要科技支撑，促进乡村经济更好发展。

祝贺该书出版。我们祈望，随着岁月的洗礼，黑斑蛙人工养殖技术开发及其应用工作得以持续深入开展，两栖动物人工养殖技术开发及其应用研究取得更多更大的成果。

2022 年 4 月

前　言

　　蛙类隶属于脊索动物门、两栖纲、无尾目，是具有特殊地位的动物类群，无论是在生态、经济还是科研方面都具有重要的价值。近几十年来，随着物质生活水平的不断提高，人们对食物的种类和要求也有所变化，蛙肉因其细腻的口感和丰富的营养价值受到了人们的青睐和推崇，蛙类人工养殖行业也因此迅速发展壮大。蛙类人工养殖不仅能满足人们对该类物种的巨大需求，还能提高该物种的繁殖力，增加种群数量，在防止野生动物濒危灭绝等方面具有重要的作用和意义。

　　我国自20世纪60年代第一次引入牛蛙以来，先后成功驯养了牛蛙、中国林蛙、棘胸蛙、虎纹蛙、中华大蟾蜍等可食用和药用物种，为国内创造了巨大的经济和生态效益。近几年，由于网络宣传加上地区辐射效应等原因，民众逐渐意识到黑斑蛙的食用价值和经济价值，越来越多的人开始烹饪和食用黑斑蛙，这使黑斑蛙市场缺口明显增大，其养殖在国内也迅速兴起。虽然在20世纪80年代就已经有部分养殖户成功驯养了黑斑蛙，但鉴于当时的养殖目的（主要是防止田间害虫）和宣传力度，黑斑蛙养殖并没有在国内形成主流，因此人们依旧缺少黑斑蛙的规模化养殖技术和经验。自2015年开始，全国黑斑蛙养殖户呈现爆发式增长，可见其发展前景巨大。

　　行业快速发展的同时，新的养殖问题也接踵而至。起初，饲养期间蝌蚪的患病概率极小，并且也十分容易治疗，但是在2017年以后蝌蚪的患病风险大大提高，许多新的疾病开始出现，这给养殖户带来了极大的经济损失。许多新进入黑斑蛙养殖行业的从业人员缺乏专业的养殖理论知识，没有规范的黑斑蛙养殖技术理论指导，在黑斑蛙疾病暴发期间缺乏有效的处置措施，从而造成了巨大的经济损失。与此同时，行业中出现了许多"大师""师傅""神医"，夸大宣传，称能治疗一切黑斑蛙疾病，目的是让养殖户购买其种苗、饲料和药品，一旦目的达成，就立马消失，只留下依旧暴发疾病的黑斑蛙和束手无策的养殖户。

本书依托西南野生动植物资源保护教育部重点实验室、两栖动物人工繁育及其利用南充市重点实验室和西华师范大学两栖动物生态适应研究中心的多年理论研究成果以及遂宁市草鞋垭黑斑蛙人工养殖基地的实践成果，并在与川渝地区众多黑斑蛙养殖户深度学习和交流下完成，目的是为刚进入黑斑蛙养殖业或即将进入该行业的朋友提供一些必要的黑斑蛙养殖知识和经验，并针对当前黑斑蛙养殖中遇到的各类问题提出系统性的解决方案，尽量为黑斑蛙养殖户减少经济损失，最大程度降低养殖风险，提高养殖效益。限于编者水平，书中难免有纰漏和不足之处，还请读者朋友批评指正。

编 者

2022 年 4 月

目　录

第一章 黑斑蛙人工养殖理论基础

第一节 人工养殖的理论基础

一、蛙类的生活史

生活史在生态学中是特别重要的一个概念，主要是指有机体从出生到死亡所经历的发育和繁殖的全部过程。生物特定的生活史是在长期的自然选择过程中形成的，不同生物具有不同的生活史。面对不同的环境选择压力，动物的生活史实际上也是适应环境的一种生活策略，而环境的改变将导致不同物种或种群间出现生活史策略的改变。对某一生物生活史的研究实际上可以简化成对某些特征参数的研究，其中包括身体大小、生长发育、两性繁殖投入、繁殖季节长短、窝卵数、卵大小、种群年龄结构、性成熟年龄、个体的年龄和寿命等，这些特征参数统称为生活史特征，不同物种或种群在适应环境的过程中会对这些特征参数进行能量的权衡（廖文波，2015）。

生活史特征的演化在生物学的研究中始终处于核心地位，通过比较不同物种或种群的生活史特征，找到其相似性与差异性，并进一步分析产生这种适应性的原因及存在意义，对揭示生物适应不同环境的生理及生态演化机制具有重要的意义。除此之外，动物生活史特征与物种、种群的繁衍程度息息相关，因此生活史特征地理变异的研究在两栖动物的多样性保护和繁育实践中起到了重要的作用。两栖动物在长期自然选择过程中，适应了多种自然环境，而生活在这些环境中的两栖动物演化出了不同的生活史特征，主要表现在生长（身体大小、生长率、年龄和寿命等）和雌雄繁殖投入两个方面。

研究表明，环境温度是导致有机体生长和繁殖投入发生变异的重要选择力量。包括两栖动物在内的变温动物，在新陈代谢过程中对环境温度具有很强的依赖性，所以在影响生活史特征变异的众多因素中，温度属于关键因素，在两栖动物繁殖、冬眠等生理过程中起主导作用。一般情况下，在低温和降雨量少的情况下，两栖动物将缩短活动时间，从而影响到它们对能量及营养物质的获取、积累以及转化。另外，由于天气寒冷，两栖动物的冬眠期延长，将导致其生长变慢、性成熟更晚，寿命延长，体长和总繁殖投入增加。温度适应假说和反梯度变异假说均可以解释这一现象。温度适应假说认为，两栖动物对其生存环境的温度存在一种适应，长期生活在具有较低环境温度的两栖动物能够适应低温环境并快速生长，性成熟年龄也较早。反梯度变异假说认为，生长季节的时长与物种潜在的生长力呈显著负相关，生长季节的缩短意味着可用于生长和发育的时间相应减少，所以要弥补生长季节对生长和发育造成的负面影响。除此之外，环境的相对湿度和降雨量也会影响两栖动物的活动时间和活动规律，在相对湿度较高的环境中，个体可以减少由蒸发引起的热量和水分的散失，从而维持较高的体温、代谢率和生长发育速率，降雨量也影响栖息地的其他生物总量，从而影响当地两栖动物种群的食物可利用性，干旱环境中的昆虫数量和丰富度急剧下降，进而导致有机体生长期延长、繁殖期延迟等。

二、年龄结构

年龄结构是对种群不同年龄阶段个体数量的反映，同样为两栖动物生活史特征研究的重要内容之一。了解个体的年龄以及种群的年龄结构，能使我们更好地掌握种群的增长率以及性成熟的年龄，同时为两性间年龄差异的比较和种群寿命的估计提供理论依据，从而更好地了解种群生活史特征。一般情况下，低的环境温度和短的活动期可以使生活于低温地区（高海拔和高纬度地区）的两栖动物性成熟延迟，从而使栖息于此环境中的两栖动物具有更高的平均年龄和寿命，也可能是由多种生物与非生物因素的综合作用所导致，如天敌压力、环境温度、降水、环境湿度、种间竞争、栖息地、食物的丰富度等，这些生态因素在一定的海拔梯度上会出现相应变化，从而导致种群年龄结构发生相应变化。比起生长快的物种，生长慢的物种需要更多的时间才能达到繁殖所需要的最小体长，相应的性成熟年龄将更晚，繁殖一代所需要的时间也明显加长。较早熟个体而言，晚熟个体拥有更大的体型和更长的寿命，这不仅可以更好地保护繁殖领地，而且个体性成熟后将大部分能量用于繁殖，提高后代存活率。但也有人证实两栖动物的平均年龄并不随着纬度变化而发生规律性的变化。

三、生长发育

个体的发育率和生长率是生活史演化理论研究的一个重要组成部分，多种生活史特征受发育率和生长率的影响，包括胚胎孵化时间、孵出幼体大小、变态时间、变态大小、性成熟年龄及后代的存活率等。

两栖动物变态是间隙生长的发育过程，个体生长和发育不仅对两栖动物蝌蚪变态非常重要，而且对个体从卵过渡到性成熟也至关重要。许多因素影响两栖动物每个生命阶段（包括胚胎发育、蝌蚪变态和变态蛙）的生长和发育，其中温度是影响胚胎发育的主要环境因素。两栖动物的胚胎生长随温度升高而加快，孵化时间随温度升高而缩短。虽然温度是影响胚胎生长和发育的主要因素，但是其他因素对胚胎生长和发育也非常重要。卵的大小明显影响胚胎发育，陆地上产卵的两栖动物的小卵比大卵发育得更快。

两栖动物从孵化到取食的过程是胚胎发育的最后阶段，这个阶段胚胎不再继续生长，并成为一个关闭系统。从取食到变态过程，蝌蚪不断生长，而且它们的器官逐步成熟，在这个过程中，蝌蚪的形态特征几乎很少发生变化。然而在变态发育过程中，蝌蚪的身体调节发生变化，个体生长和形态特征出现快速变化。在发育的各个阶段，蝌蚪对环境变化反应非常敏感。

一旦卵完全孵化，蝌蚪的生长和发育主要与食物、蝌蚪密度和温度有关，这些因素明显影响蝌蚪生长率和变态蛙大小。当蝌蚪生活在高密度和低食物的环境下时，其有更小的生长率、更长的蝌蚪发育时间和更小的变态幼蛙体长。蝌蚪间的竞争主要来源于栖息地内有限的食物资源，通过食物、蝌蚪密度和温度来控制两栖动物蝌蚪阶段的持续时间。如果温度太低，蝌蚪将停止生长和发育。两栖动物在低温环境下有更长的蝌蚪阶段，部分物种的蝌蚪发育的持续时间为 3～4 年。 蝌蚪栖息地的状态影响蝌蚪的发育率，在暂时池塘生活的蝌蚪的发育时间短于在永久池塘生活的蝌蚪。

个体从变态到性成熟期间，温度、栖息地、生长季节的长度、食物和变态个体的大小影响个体的生长和发育。一般情况下，暖和地区有更长的生长季节和丰富的食物供应，两栖动物有更高的生长率，幼体到达性成熟的时间更短。在热带地区，两栖动物高海拔种群比低海拔种群经历了更低的环境温度。在寒冷地区，温度是影响两栖动物生长和发育的主要因素，寒冷地区的个体比暖和地区的个体有更长的蝌蚪发育阶段和更大的变态个体。由于低海拔蝌蚪的栖息地容易干涸，变态前蝌蚪的生长率越快，变态个体身体越大，达到繁殖的时间越短。总之，大多数两栖动物个体的生长率和发育率随海拔和纬度的增加而降低，蝌蚪阶段的时间随海拔和纬度增加而变长，变态个体的身体随海拔和纬度增加而增大。除地理因素外，食物、栖息地、蝌蚪密度和遗传因素也影响个体的生长和发育。

两栖动物繁殖特征、蝌蚪变态、生长发育和年龄结构等生活史特征为黑斑蛙的人工繁殖技术研发提供了理论基础和技术保证。

第二节 人工养殖环境要求

一、温度

黑斑蛙是变温动物，其体温会随外界温度的变化而改变。同时温度对黑斑蛙的生长影响也较大，黑斑蛙的适宜生长温度为 20～30℃，最适宜温度为 25 ～ 28℃。如果温度低于 10℃，黑斑蛙活力下降，进食量也会明显降低；如果低于 5℃，黑斑蛙便会开始冬眠；如果温度超出了 30℃，同样也会降低黑斑蛙的活力，甚至会使黑斑蛙蝌蚪成片死亡、成蛙逐渐死亡。因而在养殖黑斑蛙的时候务必注意养殖场的环境温度，最好做到冬暖夏凉，做好人工控温。

二、水质

水质对蝌蚪的生长是非常重要的，尤其是在蝌蚪时期，水质的好坏直接影响成活率，所以黑斑蛙养殖要选择无污染或污染较少的水源，还要根据养殖池水体的实际情况积极安排换水和清淤，以确保养殖水质优良。水质标准要达到渔业的水质标准。且水质的 pH 控制在 7.5 左右，盐度通常要保持在 2 以下。

水体中有充足的溶氧量，才能促进蝌蚪生长，保证蝌蚪成功变态。变态后成蛙虽然用肺呼吸，但是足够的溶氧量对其生长也会提供很大的帮助。

注：渔业养殖水体标准为水面不能出现明显的油膜或浮沫，淡水的 pH 应该在 6.5 至 8.5，水中大肠菌群数量不得超过 5000 个 / 升；水中的汞含量应该小于等于 0.0005，镉含量应小于等于 0.005，铅含量应该小于 0.05。

三、光照

黑斑蛙白天一般不会活动，当太阳下山后才会出来觅食，可见黑斑蛙比较惧怕阳光。但是在养殖黑斑蛙时仍需要提供一定的光照，促进黑斑蛙的生长，提高繁殖率，加强新陈代谢。如果黑斑蛙长时间处在黑暗的环境下，会严重影响黑斑蛙的生殖腺发育，使其成熟时间延迟，严重时会导致黑斑蛙停止产精排卵。

四、噪声

蛙场选址要避开工厂和公路等嘈杂的环境，为黑斑蛙提供一个幽静的生长环境。由养殖实践经验可知，处于噪声状态下的黑斑蛙容易紧张，而紧张状态下的黑斑蛙十分不活跃，且食欲有明显的下降。长期处于紧张状态下的动物具有较高的死亡风险。

五、湿度

黑斑蛙作为水陆两栖动物，生长离不开水和湿润的环境。黑斑蛙的皮肤没有能防止水分蒸发的结构，只能够依靠皮肤表面所分泌的黏液来保持表面的湿润。因此在选择养殖场地的时候，一定要保证周围有充足的水源，保证水质足够干净。在养殖的时候最好为黑斑蛙营造一个温暖、湿润且杂草多的仿野生环境，保证黑斑蛙的生长。

第三节 人工养殖模式

目前，黑斑蛙人工养殖模式有单养模式、套养模式、混养模式等，以套养为主要养殖模式。

一、传统单养模式

近年来，黑斑蛙的人工养殖在很多地区已形成规模，许多企业和农户开始改造农田用于黑斑蛙的养殖，虽然取得了较为可观的收益，但是目前的单独养殖模式仍存在弊端。首先，黑斑蛙养殖占用的是基本农田，大规模养殖后会影响到其他农作物的生产，不利于进一步推广和发展。其次，养殖过程中未被吃掉的饲料以及蛙类产生的粪便十分容易造成水体的富营养化，若直接排放会给周边生态环境带来很大负担。

二、套养模式

套养模式最为经典的是稻田养殖。稻田养殖是指基于现代生态学原理，利用先进的生态技术，将种植业中水稻浅水的生态环境加以利用，通过对其生态系统的改良，与鱼、虾、鳖、鸭、蛙等生物共同构成一个较完整的生态系统，使其互利共生，实现养殖业与种植业的共同发展，提高稻田综合利用率，增加经济效益，是保护生态环境的一种有潜力的、不断发展的生态农业模式。借用不同生物之间的特性，使不同生物之间产生互利互补的共生关系，在提高土地利用率、增加经济收益、保护生态环境等方面有着十分积极的意义。

（一）优势

黑斑蛙能吃掉危害水稻的害虫，蛙粪肥田，可以不施农药化肥，减少环境污染，降低生产成本，使人工生产的稻米和养殖的青蛙更接近天然食品。稻田养殖黑斑蛙与单独种植水稻相比经济效益可提升 5 ～ 8 倍。稻田养殖青蛙以单季稻田为主，单块面积不要超过 1000 m^2。稻田四周要设置防逃设施，沿田埂四周开挖"口"或"田"字形蛙沟。水稻要选择种植耐肥、抗倒伏的优质品种。秧苗返青 15 天后，每亩放养 15 g 左右的幼蛙 0.3 万尾到 0.4 万尾，投喂全价配合颗粒饲料，日常管理重点为抓好防逃和防天敌工作。

（二）其他延伸模式

稻蛙共作养殖模式有着诸多优点，能够集中解决当下单独种植水稻和饲养黑斑蛙所面临的环境和经济问题。除此之外，稻蛙共作养殖模式还可以继续发展，形成稻—蛙—鳅、菜—蛙—鳅、荷—蛙等混合养殖模式，或者引入无土栽培和气雾栽培技术种植更多的农产品，从而进一步提高土地利用率，增加养殖户的经济收益。

三、混养模式

蛙—鱼—林生态养殖是在池塘单养青蛙的基础上沿塘埂内侧四周筑上宽、底宽、高各为 0.4 m、0.6 m 和 0.6 m 的梯形小塘埂，植树季节在小塘埂上种植杨树等速生林，株距 1 m，每亩（1 公顷 =15 亩，1 亩 ≈667m^2，为方便计算，以下统一使用"亩"）种植 60 株左右。小塘埂为青蛙的摄食和休息场所，青蛙不仅可以吃掉从速生林掉下来危害树木的害虫，蛙粪还可肥树，池塘中的鱼净化水质，树起到遮阳的作用。

第四节　养殖过程中的注意事项

一、两栖性

在野外，黑斑蛙经常栖息在水塘边的草丛中，遇到危险时跃入水中躲避。因此在设计黑斑蛙饲养池时应该贴近黑斑蛙的生活习性，饲养池应有陆地、水池、植物。

二、群居性

黑斑蛙在野外常常是几只或者几十只一起栖息在池塘周围，在环境条件适当、食物充足的情况下，黑斑蛙一般都定居在一处地方。

三、冬眠

在南方地区每年的九月中下旬，黑斑蛙采食量逐渐减少，活动减弱，开始挖洞躲藏在松软的泥土中，到来年的三月中旬气温回升后才从冬眠洞穴中出来，开始繁殖。

四、善于攀爬跳跃

黑斑蛙的四肢肌肉尤其是后腿肌肉非常发达，十分擅长跳跃，有力的前肢也使它们擅长攀爬。因此我们在建设蛙池时要合理安排围网的高度，围网顶端向蛙池内折叠阻碍蛙逃逸。

五、喜静

黑斑蛙喜欢生活在安静的环境中，一旦遇到惊扰就会跳入水塘中，或是钻入淤泥中躲藏。我们选择养殖场地点时最好选择远离闹市、交通枢纽的地区，给养殖的黑斑蛙创造一个安静的环境。

六、环境污染少

黑斑蛙栖息的自然水域通常是未受到污染的环境，农药化肥的使用会使蝌蚪活动异常，容易被天敌发现捕食；农药浓度过高会直接导致黑斑蛙蝌蚪死亡。特别是在变态期间，蝌蚪对水质十分敏感，如果这段时间使用农药化肥会造成蝌蚪畸形变态，严重的直接应激死亡。因此我们在人工饲养的时候，一定要注意相关化学药品的使用，要保持水质的清洁。

七、黑斑蛙的采食特征

在黑斑蛙蝌蚪刚孵化出膜的前三天，主要靠吸收卵黄囊内的剩余营养，不主动采食。当蝌蚪头部变圆可以自由游动后，主要采食水体中的浮游生物，当蝌蚪长到绿豆大时主要采食有机碎屑，此时可以投喂人工配合饲料，保证蝌蚪的正常生长。蝌蚪变成幼蛙登陆后主要采食会跳动的昆虫，在人工饲养条件下，天然饵料不足，可以人工驯食，让幼蛙学会采食人工配合饲料。

第二章　黑斑蛙基础生物学

第一节　分类地位与地理分布

一、分类地位

黑斑蛙，全名黑斑侧褶蛙（*Pelophylax nigromaculatus*）（Hallowell，1860），隶属于两栖纲（Amphibia）、无尾目（Anura）、蛙科（Ranidae）、蛙亚科（Raninae）、侧褶蛙属（*Pelophylax*），英文名为 Black-spotted Pond Frog。

二、地理分布

黑斑蛙又称青蛙、田鸡、青鸡、青头蛤蟆、三道眉，其地理分布范围如下：

1. 世界分布：中国、日本、韩国、朝鲜、俄罗斯（IUCN，2021；见图 2-1）。

2. 中国分布：除西藏自治区、台湾省和海南省外，黑斑蛙广泛分布于中国各省、自治区、直辖市，如黑龙江、吉林、北京、天津、山东、河南、山西、陕西、内蒙古、宁夏、甘肃、青海、四川、重庆、云南、贵州、安徽、江苏、上海、浙江、江西、湖南、福建、广东、广西。此外，贾泽信等人在新疆塔城盆地也发现有黑斑蛙的外地移入种群。

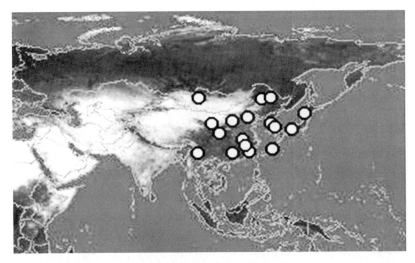

图 2-1　黑斑蛙世界分布图

第二节　形态特征

一、体形与体色

黑斑蛙蝌蚪期，背面呈灰绿色，有深色斑点，尾部夹杂浅红色和黑色斑纹；腹部为浅黄色，能透视内脏。体形肥大，背面观头体部呈长椭圆形，侧面观呈较为扁平的长卵圆形（费梁等，2009。见图 2-2）。

成蛙生活时体背面颜色多样，有蓝绿色、黄绿色、深绿色、灰褐色、酱褐色等，其间有大小不一的黑斑纹。若体色较深，黑斑则不明显，多数个体自吻端至肛前缘有淡黄色或淡绿色的脊线纹；背侧褶金黄色、浅棕色、黄绿色；有些个体沿背侧褶下方有黑纹，或断续成斑纹；自吻端至颞褶处有一条黑纹；四肢背面浅棕色，前臂常有棕黑横纹 2～3 条，股、胫各有3～4 条，股后侧有酱色云斑。腹面为一致的乳白色或微红色。唇缘有斑纹；鼓膜灰褐色或浅黄色；颌腺棕黄色或淡黄色，关节下瘤米黄色。雄蛙外声囊浅灰色，第一指内侧的婚垫浅灰色。体形呈椭圆形（费梁等，2009。见图 2-3）。

图 2-2　黑斑蛙蝌蚪体形和体色

图 2-3　黑斑蛙成体体色图

二、外部形态与构造

（一）蝌蚪

黑斑蛙从受精卵到变态完成共分为 46 期，蝌蚪处于第 26 ～ 40 期，其体形可分为头部和尾部，各时期头体长和尾长均不同。第 32 ～ 37 期的蝌蚪全长约 50.8 mm，头体长 19.6 mm，尾长约为头体长的 1.59 倍。第 33 期可见明显的后肢，后肢芽长 3.5 mm，全长 47 mm，尾长 28 mm，尾长约为头体长的 1.5 倍；第 40 期时，跗足长 10 mm，全长 64 mm，体宽 12 mm，体高 14 mm。

尾肌较弱，尾鳍发达，上尾鳍大于下尾鳍，末端窄，端部钝尖。头宽吻钝；鼻孔位于吻眼之间，鼻间距窄；眼大，位于头背侧，眼间距大于鼻间距；出水孔位于体侧偏下方，朝后上方倾斜，无游离短管；肛孔位于尾基部右侧。口位于吻腹面，宽 2.5 mm 左右；上唇两侧各有一排乳突，下唇两侧各有两排乳突，中央只有一排，呈交错排列，有些乳突上有黑色素；口角处有副突；角质颌较强，为黑色。

一个前肢已经伸出的变态期蝌蚪，体长 23 mm，尾长 31 mm，上唇的内排唇齿和下唇的外排唇齿已经脱落，其他唇齿、角质颌及乳突尚未脱落；体背脊线纹和四肢的横纹明显，背侧褶隐约可见（费梁等，2009。见图 2-4）。

图 2-4　变态期黑斑蛙的形态图

（二）成体

黑斑蛙成体分头、躯干和四肢三部分，无尾，全身皮肤裸露，光滑湿润，有黏液从皮肤分泌出。成蛙体长一般在 70～80 mm，体重为 50～60 g；一般来说，黑斑蛙雌性的体型比雄性大，展现出明显的雌性偏大的性二型特征。头部呈三角形，口阔，吻钝圆而略尖，近吻上端有两个细小鼻孔，鼻孔长有鼻瓣，可随意开闭以控制气体进出。两眼位于头上方两侧，有上下眼睑，下眼睑上方有一层半透明的瞬膜，眼圆而突出，眼间距较窄，眼后方有圆形鼓膜（见图2-5）。雄蛙的脸颊两侧具有明显且呈褶皱状的外声囊，常在繁殖期通过收缩膨胀外声囊发出求偶鸣叫，声音洪亮；雌蛙颊部两侧无声囊，却也能鸣叫，但比雄蛙鸣声小。

图 2-5　黑斑蛙成体形态图

蛙躯干部分与头部直接相连，无颈，头部无法自由转动。躯干部分短而宽，内有内脏器官。躯干末端有一泄殖孔，兼具生殖与排泄的作用。成体黑斑蛙背部颜色为深绿色、黄绿色或棕灰色三种，具有不规则的黑斑，腹部颜色为白色且无斑。背部中间有一条宽窄不一的浅色纵脊线，由吻端直达肛门，体背侧面上方有1对较粗的背侧褶，两背侧褶间有4～6行不规则的短肤褶，若断若续，长短不一。黑斑蛙四肢由两前肢、两后肢组成。前肢短，指侧有窄的缘膜；后肢较长，趾间几乎为全蹼（见图2-6）。繁殖期雄蛙第一指基部有婚垫，有利于在此期间和雌蛙抱对。

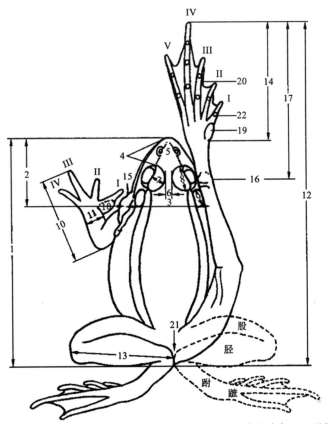

1. 体长；2. 头长；3. 头宽；4. 吻长；5. 鼻间距；6. 眼间距；7. 上眼睑宽；8. 眼径；9. 鼓膜；

10. 前臂长；11. 前臂宽；12. 后肢长；13. 胫长；14. 足长；15. 咽侧外声囊；16. 胫跗关节；

17. 跗足长；18. 婚垫；19. 内蹠突；20. 蹼；21. 尾椎末端

图 2-6 黑斑蛙外部形态指标

（资料来源：国家标准 GB/T 25884-2010）

三、与其他蛙类的形态特征区别

黑斑蛙与湖北侧褶蛙、金线侧褶蛙、福建侧褶蛙、黑斑侧褶蛙、中亚侧褶蛙、胫腺侧褶蛙、黑斜线侧褶蛙、滇侧褶蛙等侧褶蛙属在外部形态特征上的主要区别，见表 2-1。

表 2-1　黑斑蛙和其他蛙类的外部形态特征的差异性

物种	学名	辨别特征
湖北侧褶蛙	*Pelophylax hubeiensis*	趾蹼缺刻深；背侧褶较窄；雄蛙有外声囊；后肢前伸胫跗关节仅达鼓膜；雄蛙鼓膜一般大于眼径；无声囊
金线侧褶蛙	*Pelophylax plancyi*	内蹠突很发达，第一趾长不及内蹠突长的 1.5 倍；胫部短，左、右跟部不相遇；大腿后背面云斑少，后肢前伸胫跗关节达眼部；雄蛙鼓膜一般小于眼径，有 1 对内声囊；有清晰的黄色纵纹及宽酱色纵纹
福建侧褶蛙	*Pelophylax fukienensis*	内蹠突小，第一趾长超过内蹠突长的 1.5 倍；胫部长，左、右跟部相遇，大腿后背面浅色云斑多；黄色纵纹与褐色纵纹不清晰
黑斑侧褶蛙	*Pelophylax nigromaculatus*	背侧褶间无肤褶；雄蛙肱前或肩上或胫部有大的腺体，有 1 对咽侧下外声囊或内声囊；背侧褶间有长短不一的肤褶；一般背面绿色，有不规则的黑斑；无内外跗褶；内蹠突窄长，游离端呈刃状
中亚侧褶蛙	*Pelophylax terentievi*	背侧褶间有圆疣；沿背脊两侧有对称排列的大圆斑；有内外跗褶；内蹠突小，游离端不呈刃状
胫腺侧褶蛙	*Rana shuchinae*	胫跗部外侧有粗厚的腺体；颞部有深色三角形斑
黑斜线侧褶蛙	*Pelophylax nigrolineata*	背侧褶间有数条深色斜行线纹；雄蛙有肱前腺
滇侧褶蛙	*Nidirana pleuraden*	背侧褶间无斜行线纹；雄蛙肩上方有扁平腺体

第三节　生态习性

一、栖息地环境

（一）蝌蚪

黑斑蛙一般会将卵产在浅水区，如池塘、水沟、水田的四周，水深为 10～20 cm；蝌蚪常聚集在水较浅、藻类和腐殖质较多的地方。

（二）成蛙

黑斑蛙成蛙生活在沿海平原至海拔 2000 m 左右的丘陵、山区，作息习惯为昼伏夜出，白天躲藏于稻田、池塘、湖泽、河滨、水沟内或水域附近的草丛之中，天色变暗后开始出来活动和捕食。

二、生态习性

黑斑蛙的体温调节机制不太完善，会随着环境温度的变化而变化，其生活习性具有非常规律的季节性。在春季时，当外界温度升至 14℃以上时，成体的黑斑蛙便结束冬眠。冬眠是指动物在无知觉或者昏睡的状态下度过整个冬季的现象（刁颖等，2006），是对外界温湿度或者食物等条件恶化时的一种有效的适应性调节（吴云龙，1965；曹玉萍等，2000）。黑斑蛙的冬眠时间一般从 10 月中旬开始至次年 4 月初结束，通常在树根、石块、洞穴或者泥土中进行冬眠，有的个体会选择沉入水塘或者湖泊底部的淤泥中度过冬季。冬眠期间黑斑蛙不摄食，新陈代谢强度下降，主要靠消耗体内积累的脂肪体来维持生命。冬眠期结束后，成年雌雄黑斑蛙肥满度下降，而幼蛙的肥满度不变。冬眠期内黑斑蛙的营养器官（脂肪体、肝脏）重量减小，生殖腺（卵、卵巢、输卵管）发育并增大，这些变化是为将来的繁殖做准备（吴云龙，1965；廖文波，2021）。

我国南北跨度较大，温度随纬度变化差异显著，黑斑蛙的出蛰时间因温度不同而发生改变，一般情况下 3 月下旬出蛰。夏季是黑斑蛙活动的鼎盛期，整天捕食猎物；由于白天温度较高，一般藏匿于草丛、农作物间或者水塘边，夜间活动特别活跃（周立志，1998）。在秋季时，外界气温降至14℃以下，黑斑蛙进入冬眠状态。4～7月为黑斑蛙的繁殖季节，4月为产卵的高峰期，雄蛙一般在降雨前后和黄昏时开始鸣叫，引诱雌蛙抱对产卵，蝌蚪经2个多月完成变态（王春清等，2011）。

三、食性与摄食

（一）自然食性

黑斑蛙的蝌蚪为杂食性，能摄食动、植物性食物。蝌蚪孵出后，主要靠吸收卵黄囊的营养维持生命，第3～4天后开始摄食水中的单细胞藻类和浮游生物等食物。蝌蚪变态成幼蛙后，只能捕食活动的食物。黑斑蛙为肉食性两栖动物，各生长阶段摄食的饵料及生物种类存在一定的差异。

黑斑蛙多以节肢动物门昆虫纲为食，如鞘翅目、双翅目、直翅目、半翅目、同翅目、鳞翅目等，还吞食少量的环毛蚓、螺类、虾类及脊椎动物中的鲤科、鳅科小鱼及小蛙和小石龙子等（张立峰等，1989）。黑斑蛙捕食时，先蹲伏不动，发现捕食对象时，微调身体方向，迅猛地扑过去，将食物用舌卷入口中，整个吞咽进腹。吞咽时眼睛收缩，帮助把食物压入腹中。

（二）人工养殖食性

人工养殖的黑斑蛙蝌蚪孵出5天后，可以在全池泼洒豆浆2次，同时把麦麸、豆腐渣、鱼粉等先用水调成黏稠状的食物再喂2次。第20～30天后逐步以红虫等为主食，逐渐用豆渣、豆饼粉等替代主食，并混合一定量的鱼粉，其可以加强蝌蚪营养，促进蝌蚪生长发育（王晓旭，2019）。

变态蛙初期先用鲜活诱饵（蚯蚓、蝇蛆、小鱼虾、泥鳅、昆虫）投喂2天，第3天开始在诱饵中添加20%的人工饲料，逐渐加大人工饲料的比例，第10天后增加到80%，最后过渡到完全摄食人工饲料。当人工养殖密度过高或处于饥饿状态时，会出现同类相残的现象，较大的黑斑蛙会攻击、吞食个体较小的黑斑蛙。

四、生长发育与年龄

（一）生长

成年黑斑蛙，雌性卵巢中的生殖细胞经过成熟分裂，形成卵子；雄性睾丸中的生殖细胞经过成熟分裂，形成精子。在繁殖期，雄性黑斑蛙用发达的前肢抱住雌性腋下，刺激雌蛙产卵，此时雄蛙排出精子；成熟的精子和卵子在水中受精，成为受精卵。受精卵在水中经过卵裂、桑葚胚、囊胚、原肠胚、组织器官形成几个阶段，逐渐发育成蝌蚪。刚孵化的蝌蚪以吻端的吸盘吸附在水草或者泥土表面，在将剩余的卵黄囊吸收完后即可自由游动。蝌蚪有一系列适应水生生活的形态结构。蝌蚪头圆，尾侧扁，尾巴作为身体的运动器官，身体两侧也有类似鱼类适应水生生活的侧线器官。蝌蚪在前期主要靠外鳃呼吸，后期外鳃转为内鳃，用内鳃呼吸。

黑斑蛙的蝌蚪经历 25 天的生长发育逐渐长出后肢，45 天开始长出前肢，开始变态，逐渐适应陆生生活。前肢长出后，蝌蚪这段时期进食少，主要靠吸收尾柄的营养，尾巴逐渐缩短最终消失，四肢代替了尾巴作为运动器官。蝌蚪开始变态长出后肢的时候，咽部靠近食道处生出两个分离的盲囊，向腹腔突出发育，逐渐扩大发育成为肺。随着蝌蚪尾部逐渐消失，变成幼蛙，并依靠四肢和肺在陆地生活，幼蛙经过一段时间的生长发育逐渐达到性成熟（见图 2-7）。

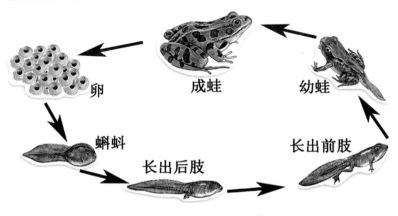

图 2-7　黑斑蛙生长发育过程

（二）发育

黑斑蛙生活周期分为水生生活和陆生生活，生长期分为：胚胎期、幼体期、变态期和成体期四个阶段。幼体期间的个体不进行繁殖，主要是水生生活阶段，其生长速率取决于周围环境的温度和对食物资源的利用。

变态期幼体的结构、生理、行为均发生改变，主要包括幼体阶段的结构和功能衰退；幼体结构向适宜成体使用的结构转化以及向适宜成体生活的结构和功能进一步发展，体形发生改变，更适宜陆地生活。黑斑蛙蝌蚪的体长、尾长和体全长分别在第 44 ~ 45 期和第 40 ~ 41 期生长最快，之后快速减缓。

黑斑蛙生长有严格的季节限制，成体早期年龄段生长速度快，随着年龄的增长，生长速率逐渐下降，到达一定年龄段生长速率非常缓慢（李斌，2004）。成体雌性平均生长速率大于雄性，身体大小存在两性异形。

（三）性别二态性

脊椎动物体型的大小、体色以及局部特征等形态学指标存在雌雄性别间的差异性（Parker，1992；Andersson，1996；Greenwood and Wheeler，1985）。两栖动物两性异形的情况受到多种选择压力的影响（Liao et al.，2013）。

两栖动物雌雄形态差异主要存在三种类型：第一，雌性成体比雄性成体的体型更大，这种类型是最为普遍的一种。因为雌性孕育后代，较大的体型能够为其繁殖输出提供更大的空间和保障，黑斑蛙便属于这种类型。第二，成年雄性个体比成年雌性个体更大。第三，雌雄成体的体型相近，但雄性个体拥有较大的头部（Howard，1981；Katsikaros & Shine，1997）。后两者的情况在生物界也广泛存在，这与雄性个体竞争好斗有关，无论是在配偶的争夺和食物的抢夺中，体型较大者的优势也较大。拥有较大头部或体型的个体力量较强，更容易获得交配的权利和更多的食物。由此可见，长期的自然选择压力和种内竞争压力的共同作用导致大多数动物的两性形态存在一定的差异性。

（四）年龄结构

黑斑蛙雌性的最大寿命为 5 年龄，世代时间为 3 年，雄性的最大寿命为 3 ～ 4 年龄，世代时间为 2 年（鲜盼盼，2017）。

表 2-2　雌雄性黑斑蛙各年龄形态量度表

性别	年龄 /a	SVL/mm	HL/mm	HW/mm	LAHL/mm	HLL/mm
雄	1	49	17.20	16.38	19.40	65.70
	2	58.32	21.33	20.12	25.14	89.86
	3	63.75	23.25	21.37	26.50	100.27
雌	1	34.42	12.72	11.09	15.80	45.74
	2	60.59	21.20	20.26	25.98	103.50
	5	83.08	27.26	25.00	45.10	144.32

注：SVL 为体长，HL 为头长，HW 为头宽，LAHL 为前臂及手长，HLL 为后肢长。

第三章　黑斑蛙繁殖基本知识

第一节　性腺发育

一、性成熟

个体发育和环境条件差异导致黑斑蛙性成熟时间存在差异性，如浙江地区在 6 ～ 7 月可见幼蛙，幼蛙期生长发育较快，大约 1 年时间可达性成熟；上海地区的黑斑蛙在清明节前后出蛰，幼蛙经过两个冬眠期，第三年春天达性成熟（费梁等，2009）。

二、影响性成熟的因素

黑斑蛙的生长速度与性成熟直接相关。决定黑斑蛙性成熟的因素比较复杂，包括自身因素以及外界环境等方面。在性腺发育过程中，体内受到内分泌腺分泌激素的控制，而内分泌腺的分泌作用又受到神经的控制，体外受到环境因素的影响，内在和外在因素互相联系并互相制约。影响黑斑蛙性成熟的主要环境因素包括三点。

（一）食物

在食物充足的环境条件下，黑斑蛙迅速达到性成熟；相反，环境的显著变化导致食物不足或紧缺，黑斑蛙生长缓慢，其性成熟的年龄推迟。养殖的黑斑蛙拥有充足的食物供应，其性成熟年龄明显早于野生黑斑蛙。因此，养殖过程中培育种蛙的关键是保证种蛙获得充分的食物以便于其性腺的快速发育。

（二）温度

环境温度对黑斑蛙的生长影响较大。适宜黑斑蛙生长的环境温度为25℃。环境温度不应过高或过低，如果温度低于10℃，黑斑蛙的活动性降低，食物摄入量显著降低；如果温度低于5℃，黑斑蛙就会开始冬眠，而温度超过30℃，黑斑蛙的生命力明显降低；当温度过高时，黑斑蛙死亡率显著增加。因此，养殖时必须注意养殖场的环境温度，必要时进行人工控温。

（三）光照

黑斑蛙的生长习性是昼伏夜出，白天黑斑蛙常躲藏在沼泽、池塘、稻田等水域的杂草、水草中，黄昏后出来活动、捕食。由此可知，黑斑蛙害怕太阳光线，只能承受一点散射光。然而，黑斑蛙在繁殖期需要一定的光照，以能增强新陈代谢，促进黑斑蛙生长，提高繁殖率。如果黑斑蛙长时间处于黑暗环境中，将严重影响其性腺发育，性成熟的延迟会导致排卵终止。

三、性腺发育过程

黑斑蛙的生殖腺在第28期之前就已经开始分化，最早发生在第24期。根据组织学和形态学观察，在第24～36期，所有的性腺都是成对的细长器官，位于肾的前内侧和腹侧，性腺的长度随发育而增加。性腺之间的形态差异发生在第38～40期，此时子宫特征是二裂体，而睾丸没有外裂体。从第40期开始，睾丸的长度大大减少，而卵巢继续伸长。在第46期，睾丸是一个光滑的梨形器官，而卵巢是由7～8个卵巢裂片分开的二倍体。

（一）雌性生殖细胞的生长发育

黑斑蛙卵母细胞的生长发育过程与其他脊椎动物基本一致，明显地分为 4 个时期，即卵原细胞期、初级卵泡期、生长卵泡期和成熟卵泡期。

卵原细胞期：随着性别的分化，原始生殖腺向卵巢发展，其皮质部发达，髓质部分退化，原始生殖细胞向皮质部迁移而分化成卵原细胞。卵原细胞核所占比例很大，此时的卵原细胞进行多次有丝分裂以增加其数目。由于髓质部分退化，因而在生殖腺中央形成空隙，其余部分则为间质细胞所充满。卵原细胞外没有滤泡细胞包围。

初级卵泡期：卵原细胞停止有丝分裂，向卵母细胞分化，早期的初级卵母细胞外由单层滤泡细胞构成的滤泡膜称为初级卵泡。

生长卵泡期：初级卵母细胞增大，这时的卵母细胞及其之外的滤泡膜一起称为生长卵泡。其特点包括：①卵母细胞的体积明显增大；②滤泡膜由双层滤泡细胞构成，由于内层滤泡膜的分泌作用，在卵母细胞质膜外形成一层透明带；③生长卵泡期又可分为以增长细胞质和细胞核为主的小生长期和以卵黄沉积为主的大生长期，核内具有多个核仁。

成熟卵泡期：卵母细胞体积达最大，卵核移向动物极。在生殖季节由垂体分泌促性腺激素或人工注射外源促性腺激素可导致成熟排卵，卵子排出后，滤泡膜残留于卵巢中成为产后黄体。

（二）雄性生殖细胞的发育

黑斑蛙的雄性生殖细胞的生长发育与其他脊椎动物一样，共有精原细胞、初级精母细胞、次级精母细胞、精子细胞和精子 5 个阶段。曲细精管是产生精子的功能单位，各阶段的生精细胞在曲细精管内的排列方式与硬骨鱼类极为相似。

精原细胞：细胞体积较大，细胞核所占比例大。

初级精母细胞：部分精原细胞停止有丝分裂以后，体积增大，是各类生精细胞中体积最大的核，几乎充满整个细胞。

次级精母细胞：初级精母细胞进行第一次成熟分裂成为次级精母细胞，体积几乎只有初级精母细胞的一半。

精子细胞：次级精母细胞再进行一次成熟分裂（第 2 次成熟分裂），成为精子细胞，其体积减小，是各类生精细胞中体积最小的。

精子：精子细胞变态为精子后才有授精能力，精子具有棒状头部和长的尾部。

（三）性腺发育规律

1. 卵巢的发育

卵巢的发育程序从组织学切片分析上看，有以下几个阶段：1月龄的蛙已进行性别分化，其卵巢呈圆筒状，性细胞处于卵原细胞阶段，卵原细胞位于卵巢四周皮层，中间有卵巢腔，其余部分充满间质细胞；2月龄雌蛙性腺发育到初级卵泡期，中间充满了卵黄，胞周有多层液泡；24月龄雌蛙发育到性成熟，细胞核已偏于动物极。产后卵巢内多数仍为大生长期的卵母细胞，并且还有成熟卵泡，尚可见产后黄体。

2. 精巢的发育

2月龄以内的雄蛙性腺处于精原细胞阶段，但也可见极少数的初级精母细胞。3月龄的雄蛙仅发现一镶嵌型性腺，曲细精管内不仅有精原细胞、初级精母细胞，还有次级精母细胞。4～6月龄的精巢以次级精母细胞为主。10～11月龄的雄蛙已趋性成熟，精子几乎占据曲细精管腔的一半，亦有大量的次级精母细胞。

四、性成熟特征

（一）第二性征

黑斑蛙雄性体型略小，头长略大于头宽。雄性有一对颈侧外声囊，第一指基部粗肥并有灰色婚垫，上有细小的白疣，背侧和腹侧有雄性线。

卵胶膜黏性强，彼此粘连成团，每团卵约数千粒；卵径 1.5～2 mm，动物极是深棕色，植物极是淡黄色或乳白色。

（二）繁殖特征

繁殖季节，雄蛙的第一指灰色婚垫明显增大。在繁殖期间，雄蛙常常群集于繁殖水域内，尤其是黎明或黄昏时鸣叫声此起彼伏，发出"呱呱呱，呱呱呱"的鸣声，雌蛙闻其鸣声到繁殖场所配对。抱对前，雄蛙显得特别活跃，在水中互相追逐，一旦发现雌蛙，有时几只雄蛙蜂拥而至，出现争雌现象。雄蛙用前肢抱住雌蛙腋部，伏在雌蛙背部，多则1～2天，少则几小时，抱对时有的雄蛙下唇、内指和雌蛙的胸部被磨破出血（见图3-1）。

产卵最适合水温为12～18℃，在我国福建、杭州、南昌、成都等地，黑斑蛙于3月下旬开始产卵，4月中下旬是高峰期，可延续至6月下旬；在我国太原地区，黑斑蛙4月中旬开始产卵；在我国哈尔滨地区，黑斑蛙5月上旬开始繁殖，5月下旬和6月上旬是产卵高峰期。根据在杭州地区的研究人员观察，黑斑蛙早期产卵场所多在浅水池塘，此后多选择在早稻秧田、刚翻耕的春花田、早稻田内，在旱地作物区多在浅水池塘、水沟里产卵。产卵的水域，一般是池塘和水田的四周的浅水区，水深为10～20 cm，pH值为6.5～7，氨基酸与CO_2含量低，一般不在深水、污水、山溪流水中产卵。

早期气温低，黑斑蛙在上午7:00～8:00产卵，此后逐渐提前到黎明前或午夜，每逢寒流或阴雨降温就会抑制黑斑蛙的产卵行为。卵群呈团状，漂浮在水面或黏附在水生植物间；有的个体在产卵时受到干扰，则分成多次产卵或卵团受水波的冲击被分散成小团，有的沉入水底。每只雌蛙一年产卵一次，每个卵群有卵670～6305粒，以3000～5000粒居多。产卵数量的多少与雌体的年龄、个体的大小及营养状况有关。

图 3-1　黑斑蛙抱对

（三）性成熟时的形态特征

黑斑蛙繁殖期性成熟时，最小雄性的大小为 12.0 g 和 49.26 mm，最小雌性个体的大小为 18.5 g 和 53.26 mm。黑斑蛙是雌雄二型性的蛙类，雌性蛙类的体重、体长都显著大于雄性。蛙类性成熟时身体大小的差异可能与地点、气候、温度等非生物因素有关（Laugen et al.，2005），也可能与天敌和食物资源量等生物因素差异有关（Reznick et al.，1996）。

第二节　产卵原理

一、激素调节

黑斑蛙在清明节前后完成一次性产卵。在产卵季节，黑斑蛙性腺的发育主要是受血液中睾酮或雌二醇的影响。性激素在繁殖期增长迅速，血液中性激素含量最高的时间是在清明节后，表明在繁殖初期雌性生殖腺发育较快，睾酮和雌二醇含量的升高与降低和性腺发育基本一致。睾酮主要由睾丸曲细精管的间质细胞所分泌，睾酮促进精子的形成及成熟，并与精子活动能力及精小管代谢有关，睾酮含量高的个体，其曲细精管管腔大，活动精子数目多。

雌二醇主要由卵巢卵泡生长过程中的颗粒细胞及卵泡内膜层分泌。雌二醇可促进卵的发育，雌二醇含量高的雌性黑斑蛙成熟卵的数量多。因此，性激素含量的变化反映了性腺发育的水平，也影响了性腺的机能（鲍方印等，2000）。

二、人工催产

（一）繁殖期提高雄性激素水平

在黑斑蛙雄蛙进入繁殖初期时，将黑斑蛙雄蛙聚集到一起，每隔 4 h，喷洒一次天麻提取液，连续喷洒 35 次，能够有效调节黑斑蛙雄蛙体内的促性腺激素释放激素。通过促性腺激素释放激素对黑斑蛙雄蛙脑垂体促性激素合成和释放进行调节，对于黑斑蛙雄蛙在生殖功能神经激素调控中起关键作用（吴岳舟，2018）。

（二）人工催产

催产剂一般选择绒毛膜促性腺激素、促黄体生成素释放激素类似物、地欧酮、鱼类高效催产激素等。

通过生殖激素调控黑斑蛙繁殖，可提前并集中产卵，达到同步孵化、批量出苗的目的。通常采用绒毛膜促性腺激素（2000μg/kg）和促黄体素释放激素（200μg/kg）组合使用对黑斑蛙进行人工注射，可显著地加快产卵时间、提高产卵数和产卵率。

第三节　受精卵胚胎发育

一、成熟卵及其受精卵

（一）成熟卵

成熟的卵子聚集在子宫内，卵子的动物极半球有黑色的色素冠，一般占卵面积的一半略小。卵子的植物极半球是白色或灰白色，卵子的直径约为 1.7 mm。

（二）受精卵

受精 20～30 min 后，受精卵的第一明显现象：卵子的动物极旋转朝上，卵轴正位；第一极体虽然已形成，但必须在卵黄周隙扩大后才能显现出来；精子在 25 min 时侵入卵子的细胞，这时卵子的核进入第二次成熟分裂晚期；40 min 后分裂出第二极体，同时卵子的原核形成；80 min 后雌雄二原核愈合。色素冠在受精半小时后出现不均匀下降，受精 1.1 h 后出现灰色新月（王应天，1958）。

二、胚胎发育

根据时间和生理现象将黑斑蛙胚胎发育分为 26 个时期（朱治平等，1957；朱宁生等，1950；葛瑞昌等，1982。见图 3-2）。

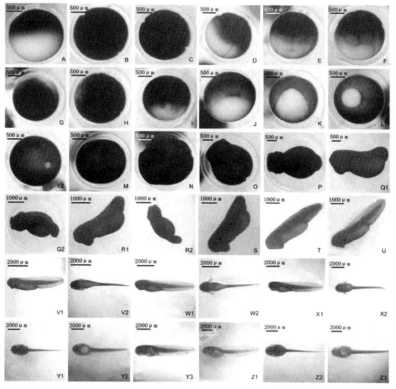

A. 单细胞期；B. 二细胞期；C. 四细胞期；D. 八细胞期；E. 十六细胞期；F. 三十二细胞期；G. 囊胚早期；H. 囊胚中期；I. 囊胚晚期；J. 原肠胚早期；K. 原肠胚中期；L1 至 L2. 原肠胚晚期；M. 神经板期；N. 神经褶期；O. 神经沟期；P. 神经管期；Q1. 尾芽期（侧面观）；Q2. 尾芽期（背面观）；R1. 肌肉敏感期（侧面观）；R2. 肌肉敏感期（背面观）；S. 孵化期；T. 心跳期；U. 鳃血循环期；V1. 开口期（侧面观）；V2. 开口期（腹面观）；W1. 尾血循环期（侧面观）；W2. 尾血循环期（腹面观）；X1. 鳃盖褶期（侧面观）；X2. 鳃盖褶期（腹面观）；Y1. 鳃盖右侧闭合期（背面观）；Y2. 鳃盖右侧闭合期（腹面观）；Y3. 鳃盖右侧闭合期（侧面观）；Z1. 鳃盖完成期（侧面观）；Z2. 鳃盖完成期（背面观）；Z3. 鳃盖完成期（腹面观）

图 3-2　黑斑蛙胚胎发育

（资料来源：于业辉等人，四川动物，2013）

时期 1：单细胞期。

受精 3 h，卵全部为动物极向上，从受精到第一次卵裂沟为止。黑斑蛙卵的表面还未出现灰色新月（gray crescent），卵背部的黑色区域在受精后向动物极方向上移。因此。受精卵的背部白色部分较多，黑色区域向背部动物极缓慢移动。

时期 2：二细胞期。

从第一次卵裂沟出现至第二次卵裂沟出现为止。这时期卵的背腹部有两个差别：①背部的黑色部分较少，由动物极向下看，背部可以看到白色的部分，而腹部则不能；②背部的卵裂沟向植物极展延的速度较快。

时期 3：四细胞期。

第一次纵裂到达植物极表面不久，开始第二次纵裂，其与第一次裂沟垂直，四分裂球均等。

时期 4：八细胞期。

第三次横裂，卵裂沟与前二次卵裂沟垂直，偏向动物极，分成上面四个小分裂球，下面四个大分裂球。少数情况下，在第二次卵裂还未完成时，第三次卵裂即已开始。分裂球的排列大多数是对位的，即小分裂球与大分裂球相对，也有少数错位排列即小分裂球排在两个大分裂球之间。植物极浅色区域不均匀分布在大分裂球，一边较靠上，快达到横裂沟；另一边较靠下，大约在赤道板下 30°。

时期 5：十六细胞期。

第四次卵裂为纵裂，这以后动物极的分裂明显快于植物极，其变得不同步，卵裂不规则，分裂球排列呈现不一致性。

时期 6：三十二细胞期。

第五次卵裂为横裂，卵裂情况、分裂球大小和排列均无规则越向植物极，分裂球变大。

时期 7：囊胚早期。

分裂球数目逐渐加多，体积逐渐变小，动物极的每个分裂球形成一个圆的凸面，植物极的分裂球仅被裂纹划开。

时期 8：囊胚中期。

分裂球小且密集，但分裂球之间还能分清界线。

时期9：囊胚晚期。

分裂球更小，细胞之间已分辨不清，胚体表面光滑。

时期10：原肠胚早期。

植物极浅色区域略靠下处出现了不规则裂隙，逐渐变成向下弯的细缝状浅沟，胚孔出现，沟上方为背唇。随着胚孔的发育，植物极细胞逐渐被包入，浅色面积缩小，背唇为半圆形。

时期11：原肠胚中期。

胚孔继续向两侧延伸，呈马蹄形，植物极细胞进一步被包入胚内，背唇成为正圆形。

时期12：原肠胚晚期。

胚孔向腹面延伸汇合成圆形，有卵黄栓填充。最初卵黄栓直径可达胚体直径的一半，以后逐渐变小。卵黄栓内可见细胞界限，体积较大。此期可见背部略变扁平，呈现神经板的雏形。卵黄栓不在神经板的腹面，偏向胚体尾部。

时期13：神经板期。

背面平坦部分呈倒梨形，头部宽大，向后逐渐变窄，最后与卵黄栓缩小变成的纵向裂缝状胚孔相连，神经板区域内颜色略发灰白，中间略陷成一条浅沟。胚体还没有明显伸长，仅体积略有加大。大多数胚胎已脱出外胶膜，以内胶膜与卵带相连。

时期14：神经褶期。

神经板边缘隆起成褶，并逐渐向背中线靠拢，中间形成神经沟。体形略变长，头前部两侧可见感觉板略为隆起。

时期15：神经沟期。

两神经褶已靠拢，胚体明显变长而呈豆形。胚胎与受精膜之间空隙加大，胚胎可在受精膜内自由转动，转动方向不定，鳃原基已分化。

时期16：神经管期。

神经褶从颈部向前向后逐渐愈合，形成神经管。背正中线先有一浅沟，待表皮完全愈合，沟消失。鳃板隆起更高，可见视泡突起和吸盘原基。

时期 17：尾芽期。

尾部略向上翘或平直，尾下面有一向内的弯曲与腹部分界，吸盘已明显，绝大多数胚胎在此时期孵化。孵出后用吸盘吸于胶带上，头部与躯体之间也有凹陷作为分界。由于前肾的形成，在鳃板后面出现 10 个突起。

时期 18：肌肉敏感期。

胚胎受到外来刺激可引起肌肉收缩而向体侧弯曲，最初反应迟钝，肌肉收缩小，以后逐渐加强尾长。眼原基已很突出，在肌肉感应发生以前全部孵化。

时期 19：孵化期。

胶膜开始部分溶解，胚体多数附着于胶膜上，胶膜溶解后，胚胎脱出并吸附在胶膜上保持静止不动，此时胚体离开胶膜还不能保持身体平衡，受外界刺激时会扭曲身体。

时期 20：心跳期。

紧靠吸盘后面凹陷的部位可以看到微弱的心跳。外鳃形成小的突起状的鳃芽，体长约为 5 mm，尾长约为全长的三分之一，大部分以吸盘附着在胶带、水草、器皿侧壁或侧卧水底，可做短距离游泳。

时期 21：鳃血循环期。

外鳃伸长呈指状，有分支，色素减少，鳃内血球做脉冲样流动明显，吸盘发达，体长约为 6 mm，尾长约占全长的五分之二。

时期 22：开口期。

两对外鳃上的短指伸长为鳃丝，口窝内的口板膜穿通，眼的角膜稍显透明而显露出黑色的眼球。身体表面透明化，出现人字的体节，体长约 7 mm，尾长约为全长的一半。

时期 23：尾血循环期。

尾鳍的后部可见血球流动的小血管，口部有唇及角质化的分化。腹部缩短而加宽，卵黄在左腰部出现折痕，吸盘开始萎缩，体长约为 8 mm，尾长大于体长。

时期 24：鳃盖褶期。

具备典型的蝌蚪体形，身体圆而扁，尾鳍长而宽，头部及眼的虹彩上有反光的斑点，唇上出现乳突，角质喙上发生锯形齿缘。鳃盖褶压外鳃的基部，肠管发生弯曲。能自发游泳、维持身体平衡，蝌蚪体长约 9 mm。

时期 25：鳃盖右侧闭合期。

右侧的鳃盖褶已将鳃丝包围，其边缘与腹壁表皮闭合。左侧的鳃丝仍然大部分外露，口后有下唇齿两排。肠管有 2～3 圈的盘回，体长约 10 mm。

时期 26：鳃盖完成期。

右侧鳃盖褶也将鳃丝包围，而身体的左中腰部留下一个出水孔通向体外，吸盘退化为疤痕状，肠管有 4～5 圈的盘回，体长约 11 mm。

三、胚胎发育与水温的关系

（一）温度对卵团孵化率的影响

温度决定受精卵团的胚胎发育程度，不同的温度决定卵团的孵化率。通常状况下，当温度处于上升趋势时，卵团的孵化率也就随之提高，随着温度的递增，孵化所需的时间也随之缩短（胡梦如，2016。见图 3-3）。黑斑蛙产卵最适水温为 12～18℃，大多数的黑斑蛙胚胎在第 19 期孵化成蝌蚪。如果将卵置于水温为 18℃的条件下，黑斑蛙胚胎孵化率可达为 96.41%；在 18～33℃，第 25 期的黑斑蛙的体质量随水温升高而升高，体长、体宽、尾长随温度的升高呈先升后降的趋势，在 30℃时达到最大；随着水温的升高，黑斑蛙胚胎的发育速度逐渐加快。在 33℃下，由第 15 期发育至第 19 期和第 25 期分别需 10 h 和 60 h，而在 18℃下则需 48 h 和 204 h（王玉柱，2020）。

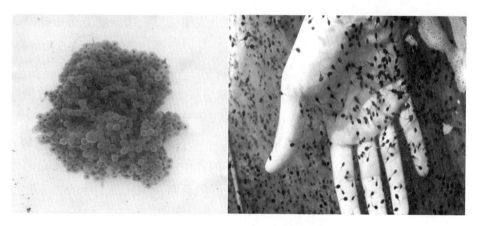

图 3-3 黑斑蛙卵块（左）和蝌蚪幼苗（右）

（二）温度对蝌蚪性腺的分化影响

温度是影响两栖类性腺分化的主要因素之一。在养殖黑斑蛙蝌蚪性腺分化期，人工设置不同温度梯度实验表明：当控制温度有利于蝌蚪性腺分化时，变态后的黑斑蛙雌雄比例显著增加；如果环境温度不利于蝌蚪性腺正常分化的要求，那么雌雄性比将受到明显影响，不利于养殖。

第四节　蝌蚪期发育

一、关于蝌蚪发育期的划分依据

根据 Gosner（1960）提出的分期标准，黑斑蛙从受精卵到变态完成共划分为 46 期，上述的第 1～26 期为胚胎发育期；第 27～40 期为胚后发育期或蝌蚪期，该阶段以后肢芽的发育及分化为标志。其中第 27～30 期为后肢芽发育过程，第 31～37 期为五指分化过程。第 40 期以后开始进入变态发育，第 42～46 期为变态期，此期蝌蚪的口部逐渐解体并形成成体的口部，故停止从外界摄食，靠吸收尾部营养作为发育中的营养。由于尾萎缩吸收，全长变短，前肢亦破皮伸出，经过一系列内外器官的变化，蝌蚪成为具有四肢、无尾、营陆地生活摄食动物性食物的幼蛙（赵尔宓，1990）。

二、蝌蚪发育期形态分化

时期 27：后肢芽发育期。

后肢芽长度小于高度（宽度）的一倍半。

时期 28：后肢芽发育期。

后肢芽长度等于或大于高度的一倍半。

时期 29：后肢芽发育期。

后肢芽长度等于或大于高度。

时期 30：后肢芽发育期。

后肢芽长度等于或大于高度的一倍半。

时期 31：后肢芽发育期。

后肢芽长度为高度的 2 倍。

时期 32：后肢芽期。

后肢芽呈桨状，尚无五趾的分化。

时期 33：五趾分化期。

后肢芽远端出现第一个缺凹。

时期 34：五趾分化期。

出现上下两个缺凹。

时期 35：五趾分化期。

出现第三个缺凹。

时期 36：五趾分化期。

出现第四个缺凹。

时期 37：五趾分化期。

前三个缺凹较深，分化出三趾。

时期 38：五趾分化期。

四个缺凹都较深，分化出五趾。

时期 39：趾突形成期。

第一趾基部出趾突。

时期40：关节下瘤形成期。

趾腹面形成关节下瘤，在该处形成浅色圆点。

时期41：关节下瘤形成期。

关节下瘤形成突起，泄殖肛孔以一皮肤褶相连。

时期42：泄殖肛褶消失。

泄殖肛褶消失或几近消失，穿于前肢外的皮肤变透明。

时期43：口裂发育期。

成体口裂出现，从侧面看，口角在鼻孔前方，前肢伸出。

时期44：口裂发育期。

口裂加深，从侧面看口角超过鼻孔水平，但未达眼。

时期45：口裂发育期。

口裂进一步加深，口角到达眼中部水平。

时期46：口裂发育期。

口角到达眼中部水平，尾部萎缩吸收而消失，只留有一个小突起。

时期47：变态完成。

尾部萎缩吸收完全消失，四肢发育，基本具备与成体相似的色斑。

第四章　黑斑蛙人工养殖简述

一、养殖历史与现状

自 1995 年刘春军教授获得第一张黑斑蛙人工繁育许可证开始，黑斑蛙人工养殖至今已经到了第 27 个年头。近年来，黑斑蛙人工养殖技术逐渐趋于成熟，越来越多的养殖户加入黑斑蛙养殖行业，大大提升了黑斑蛙的产量，使黑斑蛙肉逐渐成为消费者们餐桌上常见的菜肴。目前黑斑蛙的苗种经历了十几代的人工繁育和筛选，品种的改良工作一直在进行，养殖技术的成熟进一步保障了养殖环境的安全、食品安全、人类公共健康卫生安全。

二、养殖产量

根据中国水产协会 2021 年年会上公布的数据，黑斑蛙的年产量在 18 万吨左右，经济产值高达 80 亿元，是一个较大的农业水产养殖产业。初步估计其相关从业人员已达到 10 万余人，其中专业养殖户的数量估计达到 3 万户以上，养殖区域覆盖全国大部分省市，特别集中在华中地区和西南地区，是当地农民发家致富的支柱性产业。

三、蛙肉的营养价值

黑斑蛙的营养价值极其丰富，据相关生化实验分析发现，黑斑蛙肌肉水分占鲜重的 78%，粗蛋白质占 20%，脂肪占 0.35%，灰分为 1.00%（见表 4-1）。蛋白质含量远高于其他经济蛙类，并且在黑斑蛙肌肉中检测出

17 种氨基酸，氨基酸占干物质总量的 70%，其中必需氨基酸占总氨基酸的 47%，与非必需氨基酸的比值为 70%，优于国际粮农组织和世界卫生组织（FAO/WHO）的理想模式 40% 和 60%。黑斑蛙肉的鲜味氨基酸占氨基酸总量的 37%，高于牛蛙；且含有丰富的矿物质钙、铁、锌、硒，未检出铅、砷；因此，黑斑蛙是高蛋白、低脂肪、膳食营养价值较高的食品原料。

表 4-1　黑斑蛙与几种蛙类肌肉营养成分比较

单位：%

种类	粗蛋白	粗脂肪	灰分
黑斑蛙	20.48	0.35	1.00
牛蛙	21.32	0.77	0.90
虎纹蛙	15.76	0.50	0.85
棘腹蛙	16.82	0.17	0.87

中医认为黑斑蛙肉性平、味甘，胆性寒、味苦，药用价值极高，经常食用黑斑蛙肉，有利尿、消肿、活血消积、清热解毒、补虚等功效。可治疗疳积、咳嗽、毒痢、黄疸等症。由于黑斑蛙肉氨基酸种类丰富含量高，胆固醇含量低，具有健胃补脑的功能，因此是体虚阴衰、胃酸过多者、心脏病人及高血压病人的理想食疗补品。消化功能差或者胃酸过多的患者适合食用黑斑蛙肉，体质弱或是生病的人可以用来滋补身体。黑斑蛙肉具有促进人体气血旺盛、精力充沛、滋阴壮阳、养心安神补气的功效。

四、农业生产的益处

黑斑蛙一直以来都是农民种地的好帮手，可以帮助农民捕杀农作物上的害虫，如水稻中的大螟、二化螟、蚱蜢、蝼蛄、蚜虫、白蚁、黏虫等害虫都是黑斑蛙的天然饵料。一只成年黑斑蛙一天能捕食数十只害虫，极大地减少了农作物虫害问题的发生，大大减少了农田农药的喷施，降低了农民种地成本，也保护了生态环境。黑斑蛙属夜行性动物，在夜间大多数食虫鸟类休息时出没，这也弥补了夜间生物治虫的空白，同时也遏制了害虫向夜行性进化的趋势。

五、养殖前景

黑斑蛙属广泛分布的物种，在我国除西藏自治区、海南省、台湾省以外的省份及地区均有分布，因此在我国大多数地区都可以养殖黑斑蛙，尤其是华中地区和西南地区四季分明，雨水充沛，更适宜养殖。

黑斑蛙繁殖迅速，体重生长到 150 g 以上即可产卵繁殖，一年产一次卵，每团卵块 1000 ～ 3000 粒，卵径为 1.7 ～ 2.0 mm，因此黑斑蛙的种苗问题容易解决。由于黑斑蛙生长迅速，生长周期短，所以蝌蚪孵化后经过大约 55 天的饲养就能变态为幼蛙，幼蛙体重为 1 ～ 2 g；幼蛙再经过 5 天左右的饲养，其平均体重 35 g 即可上市销售；继续饲养可达 70 g 左右。

黑斑蛙的饲料来源广泛，在蝌蚪期可以捕食水体中的藻类、枝角类等浮游生物，也可以投喂人工配合饲料，使蝌蚪生长得更均匀健壮。变态后的幼蛙能捕食飞蛾、蝼蛄、蚯蚓等，进行人工驯化后可以自由采食人工配合饲料，因此黑斑蛙的饲料来源也很容易解决。

黑斑蛙的养殖设备十分简单，只需要有水源，有较为平坦的土地，布置防止天敌捕食的天网和防止外逃的围网即可。黑斑蛙蝌蚪期每天投喂 3 ～ 5 次，幼蛙变态后每天投喂 2 次，冬眠期间不摄食、不投喂。黑斑蛙的抗病能力也比较强，在正常饲养的条件下极少生病。

黑斑蛙养殖产量高，投入成本低，效益好。一亩地前期基础设施建设大约 5000 元，从卵块孵化到商品蛙出售历经 4 个月的养殖周期，每亩可产出 2500 kg 左右的黑斑蛙，黑斑蛙收购价在 30 元 /kg 左右，除去饲料成本 1.60 万元左右，人工和药物成本 1.30 万元左右，除去前期基础设施成本、养殖成本一亩地纯收入能达 4 万元以上。

黑斑蛙是我国畅销的水产品种，随着越来越多黑斑蛙肉加工产品的出现，黑斑蛙需求将进一步增大，经济效益也会逐渐增加。黑斑蛙养殖是当前新兴的特种水产养殖行业，具有生长迅速、养殖周期短、养殖成本低、饲料来源广等优点，越来越多的地方政府推广稻田黑斑蛙养殖模式，将黑斑蛙养殖纳入乡村振兴的支柱产业，养殖前景十分广阔。

第五章　黑斑蛙养殖场地建设

黑斑蛙养殖首要考虑的问题便是选址和蛙场建设，一个蛙场建设的位置和前期规划决定了后期养殖的效益。蛙类人工养殖场可选在江河、湖泊、溪流、池塘、水田等水源充足的地方进行粗放养殖，其养殖效果往往是数量少，易生病。但若要实现商品量产，获取较高的经济价值，则必须采用适度规模的精养方式，这就要求养殖场的建设必须具有一定的科学性和规范性。

第一节　养殖场地选址

蛙场的选址需要充分考虑对养殖效益产生影响的各种因素，通过分析这些因素的影响特点，从而选择最适合黑斑蛙养殖的环境。黑斑蛙养殖场地选择所遵循的基本原则主要从以下五个方面进行考虑。

一、生活习性要求

蛙类养殖场的选择要首先考虑黑斑蛙的生活习性，其生活习性决定了它的养殖模式和方法不同于其他传统养殖业。黑斑蛙具有两栖性、野生性、变温性、特殊食性以及喜静等特点，因此场地应该选择在僻静靠近水源、环境温暖湿润、虫类与浮游动植物较多的地方，如乡村农田、池塘、江河湖泊等地。而工厂、铁路、公路边等声音嘈杂、震动频繁、人流较大的地方不适合作为黑斑蛙场地选址。

二、水源水质要求

黑斑蛙属于水陆两栖动物，对水的依赖性很大，养殖地需要有足够的淡水资源供应，要能满足长期大量用水的需求，才能使养殖达到事半功倍的效果，因此，江河和水库等地往往是养殖户的首选水源。

养殖场对水源水质的要求尤为重要，具有充足且方便的水源能为养殖场带来极大的便利，这不仅体现在蛙池的消毒换水方面，也为日常的流水以及保持良好水质提供了必要的条件（见图5-1）。水产养殖需要有良好的水质才能保证水产动物健康地生长，养殖过程中绝大多数的蛙类疾病往往是因水质受到污染，病菌滋生而引起，因此，特别需要重视蛙场水源水质。干净的山泉水最能满足蛙类养殖，井水则需要经过充分曝气处理才能用于养殖。然而现存未被污染的天然水域比较稀少，寻找几乎未受到污染的水源比较费时费力。因此，建议只要是未经严重污染的水源都可以进行黑斑蛙养殖，选址时可根据水源中鱼虾等水生动物的数量和活跃度来判断是否符合水源要求，通常鱼类较多的水源其水质均能满足养殖条件。

图5-1 左：泉水；右：井

三、地形地势要求

黑斑蛙养殖场的地形要求最好选择在朝向东南方且稍稍倾斜的坡地，其原因是夏、秋两季接受阳光直射面大，光照较强，地表温度和水体温度上升比较快，是黑斑蛙能够快速生长的季节，也能提高饲料的利用率（见图5-2）。在夏季，受东南季风气候的影响，微风吹拂，可在蛙池内吹起波浪，增加水体的溶氧量，有利于蝌蚪的生长。此外，场址的选择还要注意避免养殖废水的排放和预防洪涝灾害的问题，蛙场应选择在地势比水源更高的地方建设。

图 5-2　左：地势低的蛙场；右：地势平坦的蛙场

四、土质要求

养殖场地选址最好选择黏质的土壤，以保障场地建设后不易坍塌，场地不易发生渗水，能很好地蓄水。其他土质条件也可以建设场地，但是保水效果可能不好，会增加灌水成本。沙土不易塑形且漏水严重，泥土透气性较差，不适合作为蛙类养殖池使用土质。壤土具有塑造能力好，保水能力强，透气性较好等特点，相对适合养殖蛙类（见图 5-3）。

图 5-3　左：不宜养殖的沙泥混合土壤；右：宜养殖塑造性好的土质

五、人工管理要求

蛙场选址要便于人工管理，包括能够快速应对风险、方便交通运输等，因此场址也不宜选在过于偏僻的地区，不能离养殖人员居住地太远，最好是在养殖场旁边建有管理员居住屋、饲料药品存放仓、器材存放库等。

总之，蛙场选址不能单看某个或几个因素，应充分综合权衡各方面因素。选址地不仅要满足蛙的基本生长需求，还要尽量做到性价比高，即达到投资少、收益高的效果。例如，选址地地价、当地劳动力价格、运输成本等，都应作为权衡的部分。

第二节　养殖池的设计和建造

黑斑蛙养殖池种类依据蛙不同生理期的养殖特点进行分类，条件允许的标准养殖场包含产卵池、孵化池、蝌蚪池、幼蛙池和成蛙池五种类型的蛙池，每种蛙池对应特定生活时期的养殖。一般情况下对于自繁自养的规模性商品蛙养殖场，其各类养殖池的面积比例大致为2：0.5：1：10：20。当然，规划比例要按养殖场具体情况合理变动。例如，对于只进行种苗培育和销售的养殖场，需减少幼蛙池和成蛙池的数量，增加产卵池、孵化池和蝌蚪池的比重；同样对于直接购买卵团的养殖户也无须使用产卵池；对于条件有限的养殖户，也可以一池多用，即成蛙池既可以做孵化池，也可以用来饲养蝌蚪和幼蛙。

一、产卵池建设

产卵池是用于繁殖期种蛙抱对产卵的蛙池（见图5-4）。黑斑蛙直接将卵产在水中，并在水中受精，产卵池需要覆盖一定量的水以便于产卵受精，但水也不能过深，要求抱对种蛙在水中有着力点，一般产卵池水深在20 cm左右。条件好的养殖户可以单独建造产卵池，池内最好干净无淤泥，防止受精卵受到淤泥土壤的浸染，进而影响后续的孵化。

图 5-4　用塑料薄膜搭建的产卵池

二、孵化池建设

孵化池，顾名思义就是专门用于孵化蛙卵的场所。种蛙产卵后，需要及时将蛙卵捞出放入孵化池进行孵化，以避免产卵池内种蛙的活动损坏受精卵。孵化池的作用不仅用于孵化蛙卵，还可以将不同时期的蛙卵分开孵化。

孵化池的建造最好选用水泥池或者用塑料薄膜垫地的土池建造，因为干净的池底便于转移蝌蚪，而土池不仅很容易浸染下沉的蛙卵，导致胚胎不能正常孵化，转移蝌蚪也极为不便。池内水深应在 15 cm 左右，不超过 20 cm，深水不宜蛙卵孵化。孵化池设有进水口和出水口，位于相对的两端，进水口略高于出水口，出水口需要用纱布封住，避免胚胎和蝌蚪被排出池外。

此外孵化池可以建造在室内，因蛙卵的孵化对环境的变化较为敏感，过高或过低的温度、骤变的气候都会影响蛙卵的正常孵化，而露天孵化不易控制这些因素，进而容易导致蛙卵孵化缓慢且孵化率较低。室内孵化可完全杜绝露天孵化的弊端。

三、蝌蚪池建设

蝌蚪池用于不同时期蝌蚪的饲养。蝌蚪池设计大小适中，蓄水深 0.5～0.8 m。蝌蚪饲养期间需要随时注意池内水的变化，及时调节，以确保蝌蚪最佳的生活环境，包括蝌蚪不同时期的水位调节、水温控制和水质优化。因此蝌蚪池内要设有进水口、排水口和溢水口。进水口设于蛙池壁一端顶部；排水口设在另一端池壁底部，用于换水和打捞蝌蚪；溢水口位于池水设计的最高水位线处，主要用于控制水位。平时饲养时，排水口和溢水口需要用纱布罩住，以避免蝌蚪"逃逸"。

四、幼蛙池、成蛙池建设

黑斑蛙蛙池的设计主要有两种类型：一种是单沟池，另一种是回形沟池。两种蛙池均包括了食台区、水沟区和栖息区三个部分。

图 5-5　黑斑蛙蛙池实地图　（左：单沟池；右：回形沟池）

单沟蛙池总宽度 9～10 m，长度以 30 m 以内为宜（长宽尺度也可根据实际情况具体调整，但不宜设计过大，其原因后续将会提到）；水沟区位于蛙池中间位置，呈"一"字形，宽度一般为 1 m，深度 40 cm 左右；食台区位于四周边界，单边宽度可设置为 2～2.5 m；栖息区介于食台区和水沟区之间，单边宽 2 m，相对于食台区低 5～10 cm，且具有一定的坡度，易于幼蛙上食台区摄食。回形沟蛙池有别于单沟蛙池，其水沟区呈扁平的"回"字形状，水沟区宽 1 m，深度 40 cm；食台区位于四周，宽 2 ～ 2.5 m；栖息区位于水沟区内部即整个蛙池正中间，宽度一般在 2 m 左右，高度略低于食台区（见图 5-5）。

设计蛙池中水沟时，水沟地面要有一定的坡度，保持一侧深，一侧浅。浅沟一侧上方安装进水管道至池外连接主水管道，并在连接处安装控水阀门；深沟一侧的沟底安装排水管至池外的排水沟中，排水管池内部分通过弯头连接一个高出食台的管道，通过升降该管道的方式控制蛙池内水位变化。一般出水管规格比进水管大，原因在于有时出水管需要迅速放水，而进水管一般不需要大量进水。

两种蛙池均可用于幼蛙和成蛙的饲养和管理，但两种蛙池也各有自身的优缺点。根据经验，单沟蛙池比回形沟蛙池更适合幼蛙的驯化和饲养，回形沟蛙池更适合成蛙的饲养和管理。

由于条件限制，许多养殖户不能配套所有类型的养殖池，常常会采用一池多用的养殖方法。最常见的是直接将成蛙池作为孵化池和蝌蚪池，待种蛙产卵后，直接将卵放入成蛙池浅水处，随后可直接在一个蛙池内完成受精卵孵化、蝌蚪饲养、变态幼蛙驯化和饲养、成蛙饲养等后续所有步骤。虽然这种方法的养殖效果（孵化率和成活率）比不上各类型养殖池单独饲养的效果，但极大地节省了养殖空间和后续养殖过程中人力转池的成本。对于自繁自养的养殖户，一池多用的弊端可完全被大量的蛙卵数所抵消，因此更受蛙类养殖户的青睐。对于购买蛙卵进行养殖的养殖户，由于蛙卵数量有限，较于自繁自养的养殖户更看重蛙卵的孵化率和成活率，因此，建造孵化池和蝌蚪池是必要的。

第三节　蛙池其他设施建设

一、隔离网墙建设

隔离网墙的建设主要是起到将养殖场与外界隔离的作用。主要分为天网、外围网和蛙池围网。天网建设主要是为了防止鸟类进入养殖场捕食蝌蚪和黑斑蛙，并且还要防止大型昆虫，如蜻蜓进入蛙池产卵。外围网和蛙池围网主要防止陆生大型食肉动物进入养殖场捕食黑斑蛙，如蛇、老鼠、野猫、黄鼠狼等，同时也是为了防止黑斑蛙逃逸出养殖场，造成不必要的经济损失。

（一）天网、支柱、拉丝、外围网材料选取

天网：由于要防止蜻蜓等昆虫的进入，养殖户朋友们在选择天网时网眼可选相对较小的，选用 2cm×2cm 的较为合适（见图 5-6）。为了减轻天网的重量，防止雨天天网沾水使天网过重，造成整体垮塌，应选用强度好、无网结的无痕天网，可减少雨天积水，大大地减轻重量。

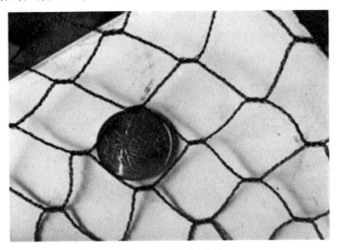

图 5-6　天网的网眼

支柱：一般选用厚 0.2 ～ 0.5 mm、长 3.5 m、直径为 70 mm 的镀锌管作为场地的支柱（见图 5-7），这种材料耐腐蚀，强度大，可使用 5 年以上，预算低的养殖户朋友们也可以使用竹竿和木材代替，但相对使用年限缩短。

拉丝：由于仅靠支柱无法将天网搭建好，还需要拉丝将支柱连接起来支撑天网。拉丝最好选用钢丝，结实不易毁坏。选用铁丝造价低，但是铁丝强度低易生锈，使用年限短。

图 5-7　支柱的热镀锌管和钢丝绳

外围网：外围网的材料可以选择塑料围网，也可以选择石棉瓦、彩钢皮、塑料板等。塑料围网造价低，操作简单，但是抗敌害能力差，坚固度差。石棉瓦、彩钢皮、塑料板做外围网的优点是牢固、抗敌害能力强，强度较大，但是相对塑料围网造价高、操作更复杂（见图5-8）。

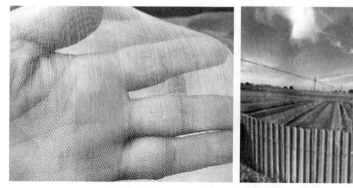

图 5-8　塑料围网和旧彩钢皮搭建的外围网

（二）天网搭建

搭建天网首先是保证牢固，避免夏季大风大雨天气破坏天网，使其垮塌造成损失。其次是要注意立柱的排布，避免浪费和排布不当阻碍过道。最后在每个养殖池的四个角和中间使用一根立柱就可以将天网整体支撑起来。

我们首先整体规划好每根立柱的位置，做好标记，然后用打桩机将每个标记点打孔，孔深 1 m，然后将立柱插入孔中，用水泥砂浆固定；立柱打好后，再开始拉丝，用拉丝将所有立柱连为一个整体；最后覆盖天网，将天网固定在拉丝和立柱上防止滑脱。注意四周需要多留一点天网，最后与外围网连接（见图5-9）。

图 5-9　黑斑蛙养殖场的围网

（三）外围网搭建

根据选择的外围网搭建材料，依据地势情况，尽管各养殖场搭建方案不同，但均需足够的密闭性，只要底部埋入土中20 cm以上即可。注意上部与天网连接紧密，避免出现大的缝隙。

（四）蛙池围网建设

蛙池围网选用1.2～1.5 m的40目塑料围网即可，建设蛙池围网时要注意，蛙池四个角不能做成直角，需要有一定弧度且弧度越大越好。避免在夏季暴雨季节，黑斑蛙因天气变化产生应激反应在蛙池四个角落扎堆，造成踩踏死亡。

建设围网时首先在池边开凿一个深20 cm以上的环沟，然后在四个角落打入钢管，深70 cm左右，地上部分80 cm左右，然后每间隔3 m左右插入一根"7"字头的蛙杆，同样地上部分留80 cm左右，最后将围网下端埋入开凿的环沟中，上部用扎带固定在蛙杆上，注意围网上部要与"7"

字头相连，使围网上部曲折成 90°，这样能有效防止黑斑蛙爬出围网。注意固定围网时要将围网绷紧绷直。

二、排灌系统和设备

蛙池设计还需要合理的排灌系统，排灌系统能够为池内注入各种水位的水量的同时，将池内水迅速排放干净。一般情况下，为了方便排灌和后期管理，养殖场蛙池设计尽量做到排列有序，并围绕场地开一条沟渠用于养殖废水的排放。此外，在养殖场地内还应规划一条贯穿场地的主干道，方便人员的管理，并在主干道上设立主进水管道，在每个蛙池边接通进水管道，方便为场内每个蛙池注水。同时需要能将蓄水池中的水引入主进水管道的抽水装置，水泵和主入水管道的规格需根据自身养殖场需水流量情况合理而定。

三、蓄水池

水源的好坏直接关系到后续养殖的成败，许多养殖场由于各种原因，不能直接使用水源中的水，需要额外建造一个蓄水池。蓄水池在满足水源充足的同时，还能起到沉淀、过滤、消毒、增氧、培藻等净化水质的作用（图 5-10）。

图 5-10 左：毛刷仓；右：紫外光消毒

蓄水池应修建在养殖场地最高处，普通蓄水池只需要将水源地的水通过抽水管注入池中即可，这样的蓄水池只能起到蓄水曝气的作用，只适合较为干净的水源。对于水质较差的水源，建立标准的蓄水池是非常必要的。如图5-11，常用的标准蓄水池包括沉淀池、过滤消毒设施和曝气培藻池三个部分。在水源地抽水后，先用滤网将水中大型杂质过滤，再进入沉淀池将一些颗粒性杂质进行沉淀，经沉淀后的水继续通过毛刷、生化棉等过滤器材过滤掉未能沉淀的细小杂质；再经过消毒剂、紫光灯进行水体消毒杀菌。消毒杀菌后的水还需进入曝气培藻池进行增氧和培藻处理，经过上述步骤的水才是真正适合养殖的水。

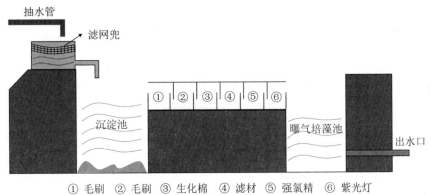

① 毛刷　② 毛刷　③ 生化棉　④ 滤材　⑤ 强氯精　⑥ 紫光灯

图5-11　蓄水池设计流程图

四、增氧设备

养殖蝌蚪时，若养殖密度过高，或者使用的水源是井水，经常会出现水体缺氧的情况，进而导致蝌蚪生长发育迟缓甚至死亡。较为简单的增氧方法是保持水体流动，及时换水。也可以使用增氧设备如叶轮式增氧机、吸入式增氧机等来增氧。

五、饲料和设备储藏室

养殖场需要投喂大量的饲料和使用各种器械设备，因此需要专门建立一个储藏室用于储藏。储藏室不宜建在离蛙场太远的地方，这对饲料喂养和器械使用都不太方便。最好建在养殖场周围，便于取用。值得注意的是，饲料储藏室内需要考虑环境是否潮湿，潮湿的环境极易引起饲料变质发霉，不提倡在此环境中储存饲料。

六、监控设施

安装监控设施不仅是为了防止人为偷盗，更是为了随时监控养殖场情况，在突发情况下及时发现并做出应对反应，如天气骤变对蛙场的影响等。

七、其他配套设施

除了以上介绍的设施，繁育场的配套设施主要包括供电、供水、供气、增温系统及水质分析和生物监测实验室。

（一）供电系统

能满足生产和生活的需要，特别是用电高峰期对用电的需求，能保证繁育过程的不间断供电，避免意外断电造成的损失，此外还应配备备用发电机组。

（二）供水系统

为便于轮流维护与使用，防患水系统故障引起缺水，保证育苗系统连续运行，具规模的育苗场系统应分两个单元设置：繁育场的日供水能力应不少于育苗池和饵料池的总水体；为防止水源的交叉污染，取水处应远离排水处。

（三）供气系统

为保证育苗水体的溶解氧需求，根据生产实践，每分钟供气量为育苗水体的 1% ～ 2%。

（四）增温系统

根据黑斑蛙繁殖季节人工繁育的水温条件和生产季节的气候、水温等条件，调节为产卵的最适温度（18 ～ 20℃）和孵化的最适温度。通过空调、加热器等调节育苗室内的温度。

（五）水质分析和生物检测实验室

育苗过程中需随时掌握育苗水质变化和蝌蚪动态，应配备温度、pH、溶解氧、氨氮、亚硝基氮等常规水质理化指标的检测仪器和用于生物检测观察的显微镜、解剖镜等设备。

蛙场还应建设电力设施、捕捞工具、照明设施等，这都是需要养殖户考虑的内容。

总之，蛙场的选址和设计是为后续养殖奠定良好的基础。一个好的蛙场不仅能极大地节省人工管理成本，还能为后续养殖蛙的健康提供很好的保证，因此这是养殖户需要着重考虑的关键问题（见图 5-12）。

图 5-12　黑斑蛙整齐排列的养殖池

第六章 黑斑蛙人工繁殖技术研发

第一节 种源选择

蛙场的种源类型可以根据蛙的生长发育阶段进行分类，包括引进蛙卵、引进蝌蚪、引进幼蛙和引进成年种蛙。每种阶段的引种都有各自的特点，养殖户可根据自身情况选择适合自己的种源开始黑斑蛙的养殖。

一、引进蛙卵

直接从其他养殖场购买蛙卵进行养殖是部分养殖户选择的方法。自繁自养的养殖户会在每年的 3 月中上旬开始给种蛙池放水，种蛙很快进行抱对并开始产卵。要想引进蛙卵，应选在 3 月中下旬。该方法跳过了种蛙的培育和抱对产卵的两个阶段，不要求养殖户有一定的种蛙选育经验就可进行蛙类养殖，这种方法需要每年向其他养殖户购买蛙卵。

二、引进蝌蚪

引进蝌蚪的养殖户数量相对较少，这是因为购买蝌蚪比购买蛙卵的成本更高，蛙卵价格为每团卵 8 ～ 10 元，而每团卵有 2000 ～ 5000 的卵粒，花几十块钱就能买到上万粒卵；而蝌蚪一尾的价格为 0.05 ～ 0.2 元，具体价格根据蝌蚪发育的不同阶段决定。此外，蝌蚪的运输也更加困难和复杂，也是许多养殖户不愿引进蝌蚪的原因之一。不建议养殖户采用这种引进方法。

当然，如果执意要引进蝌蚪，须在每年 3 月下旬蛙卵孵出后引进，值得注意的是引进的蝌蚪时间越晚，价格越贵。

三、引进幼蛙

比起以上两种引进种源方式，幼蛙的引进更是鲜有养殖户选择。这不仅因为幼蛙价格更贵，也是因为变态后的幼蛙体质较差，运输时容易造成大量损伤，同时幼蛙进入新的养殖环境很容易产生应激反应，食欲不振，四处逃窜，导致完全达不到所需的养殖经济效益。因此不建议这类引进方式。

四、引进成年种蛙

黑斑蛙成体的引进主要用来作为养殖场的种蛙。对于自繁自养的养殖户，可以出售任何生长时期（包括卵、蝌蚪、幼蛙和商品蛙）的产品蛙，风险应对更加灵活，这也是大部分养殖户选择的种源引进方式。但这要求养殖户有一定的种蛙培育和繁殖的经验和技术，养殖场也要具有一定的繁殖孵化和育种设施。

成年种蛙宜在秋季引种，原因在于秋季温度适宜，成蛙个体体质健壮，能正常越冬，加上秋季引进的种蛙到来年的繁殖季节有一段时间，有利于引进的蛙对新环境的适应。

第二节　种蛙的选育

一、种蛙的选择

种蛙的种质好坏直接影响到繁殖的成功率，以及后代的体质好坏，所以养殖户在种蛙的选择上一定要把好质量关，在进行繁殖前做好种蛙选育工作。种蛙选择主要从种蛙体形、健康状况和年龄三个方面考虑。

（一）体形

种蛙选择首要考虑的是体形大小，体形越大的种蛙产生的后代更多，也更加健康。大的雄蛙身体更加强壮，产生的精子更加健康，竞争能力更强；大的雌蛙拥有更多的怀卵量，产出的卵也更多。一般要求雌性体重在40g以上、腹部膨大、柔软且有弹性；雄蛙体重在30g以上，四肢粗壮、活泼好动、外声囊明显、体态修长（见图6-1）。

图 6-1　强壮的种蛙

（二）健康状况

需要特别关注种蛙的身体健康状况，雌雄种蛙的选择均要求身体健康、体格健壮、体态周正、无伤无残，才能保证产的卵足够健康。种蛙不能在染过病的蛙池中选取，凡是身体有伤、皮肤有溃烂、伤痕、四肢发红、手握住时挣扎无力的蛙均不能选作种蛙。

（三）年龄

种蛙的年龄应该在2年龄以上，该年龄段的蛙体形较大、身体强壮，发育成熟。且雌蛙怀卵量大、雄蛙排精量多，最适合作为种蛙。倘若只有1年龄的蛙，则尽可能要选择个体较大的蛙。如果有上一年选育好的种蛙，则可以继续使用，一般来说种蛙年龄越大种质越好。

新选育的种蛙最好在七月底八月初进行，将选育出来的种蛙单独放在种蛙池中，单独饲养，补充活体饵料。

种蛙的选择可以是从自家养殖场筛选，也可以从其他养殖场引进。但要防止近亲繁殖，因为近亲繁殖会导致后代体质变差。选种时最好从其他养殖场引进种蛙，通常是雌蛙来自自家养殖场，雄蛙来自其他养殖场，因为雌蛙在运输过程中更容易出现应激反应，影响产卵。

二、种蛙池特点

种蛙池的设计和成蛙池几乎一致，但种蛙池面积要小于成蛙池。种蛙池是培育种蛙的地方，要求在投放种蛙前做好消毒处理，保证蛙池水质良好，池内干净无污染。种蛙池建造位置要选在整个蛙场最安静的位置，尽量避免种蛙受到惊吓。将种蛙池同时用于抱对产卵的养殖户，还要求池内有一定量的水草和陆生草，并且水沟区无大量淤泥，以保证种蛙产的卵不易沉底被淤泥浸染。

三、种蛙池投放密度和雌雄比例

种蛙池放养的密度要适中，一般适宜密度为每平方米 2～4 对即可。密度太大，影响产卵空间；密度过小，降低抱对成功率。同时种蛙池雌雄数量比例也有一定的讲究，雌雄比例太高会导致部分雌蛙不能及时和雄蛙抱对产卵，严重影响繁殖进程；比例太低易引起雄性激烈竞争，不仅导致雄蛙损伤，还影响已抱对的蛙正常产卵，也不利于蛙的繁殖。据经验，种蛙池雌性数量略多于雄性数量即可。既能保证雌蛙顺利产卵，也能为雄蛙提供一定程度的竞争条件而不至于太过激烈，保证抱对雄蛙的强健。

四、种蛙的饲养和管理

种蛙的饲养需有别于普通成蛙。为保证种蛙健壮并能产生健康的后代，对其饲养需要格外细心。在每年七八月选好种蛙后，投喂的饲料要营养全面。条件允许的情况下，最好以天然的生物饵料作为种蛙食用料，如黄粉虫、蚯蚓、蝇蛆等。若用人工配合饲料，则需要配合一定量的维生素以补充人工饲料缺少的营养物质。同时定期使用发酵饲料投喂，以改善种蛙肠道健康。

在越冬期来临时，黑斑蛙会逐渐减少食物摄取量，直到越冬期完全停止进食。因此越冬前的能量储备对种蛙来说尤为重要。黑斑蛙在每年10月便开始减少食物的摄取，养殖户需在9月中下旬投喂低蛋白高能量的饲料，以保证种蛙有足够的能量顺利越冬。在冬眠前需要注意给种蛙进行一次体内驱虫，做好保健工作，提高种蛙的越冬成活率。还应注意的是，黑斑蛙冬眠期来临时，养殖户需要将种蛙池中的水排放干净，为次年种蛙繁殖做准备。

次年的3月惊蛰前后，黑斑蛙结束冬眠，开始出洞活动。此时的种蛙身体虚弱，需要补充大量的能量用于恢复身体。这段时间养殖户应同样使用低蛋白高能量的饲料促进越冬蛙快速恢复，同时为种蛙繁殖提供足够的能量以保证抱对产卵。

值得注意的是禁止向种蛙投喂发霉变质的饲料，管理期间要定期消毒；若池内出现病蛙死蛙，要及时将有问题的蛙清除，并及时消毒。

第三节　抱对和卵的采集

在人为的干扰下，养殖的黑斑蛙可实现集中抱对和产卵时间的控制，且能够保证卵同时期的孵化。方法是在繁殖期到来前放干蛙池中的水，抱对蛙因池内无水而长时间不产卵。待抱对蛙不产卵的时间足够长时，再将水注入蛙池，长时间不产卵的抱对雌雄种蛙会迅速产卵，从而实现产卵的同步。

一、繁殖行为特征

繁殖期雄蛙首先开始鸣叫求偶，一般在降雨前后或黄昏时能够听到蛙场内大量的雄蛙杂乱无序的鸣叫，进而引诱雌蛙接近并与之抱对。雌雄蛙靠近时，雄蛙迅速抱住雌蛙，抱对雌蛙和雄蛙的体长、体重和后肢的相关性显著（见表6-1）。雄蛙用前肢紧紧地抱住雌蛙腋下，经过抱对一段时间后，雌蛙开始排卵，雄蛙紧接着排精。在此期间，雄蛙会用后肢协助雌蛙将卵排开，并完成体外受精。待雌蛙将卵排尽一段时间后，雄蛙松开前肢，然后离开雌蛙。

表 6-1　抱对个体形态相关性

形态特征	描述性统计量 （均值 ± 标准误差）		相关性分析结果	
	雄性（n=107）	雌性（n=107）	r	p
体长 /mm	67.26 ± 0.37	70.76 ± 0.47	0.324	0.001
体重 /g	70.76 ± 0.47	36.65 ± 0.79	0.410	0.000
前肢长 /mm	35.73 ± 0.26	38.08 ± 0.26	0.082	0.402
后肢长 /mm	97.05 ± 0.55	104.46 ± 0.68	0.313	0.001

二、受精卵性状

黑斑蛙产卵量与蛙的体形、年龄、生长环境、饵料摄取有关。受精卵呈块状，由一颗颗单独的卵粒粘连在一起构成，每颗卵粒都有透明状胶质膜包裹。卵粒呈圆形，有白色的植物极和黑色的动物极（见图 6-2），在黑斑蛙产卵后植物极和动物极混乱，有的植物极朝上有的植物极朝下，产卵 30 ～ 60 min 以后，胶质膜吸水膨胀成一颗颗的小球形状，黑色的动物极全部朝上，这称为卵的自动转位。如果几小时后卵块依然有白色植物极朝上，则可能是未受精的蛙卵。

图 6-2　左：黑斑蛙卵团；右：卵粒

三、卵的采集

种蛙产卵后，及时将卵捞出，放入孵化池进行孵化，可避免种蛙的活动将产好的卵块搅乱和损坏。刚产的黑斑蛙卵呈块状，浮在水中，此时胶质膜具有一定的弹性，能缓冲外界环境带来的机械性刺激，对受精卵有较好的保护作用。随着时间推移，外层胶质膜逐渐吸水膨胀，浮力减小，弹性也逐渐变差。大量吸水后的卵团不仅会沉入水底，其抗压能力也会减弱，因此，蛙卵排出后，需及时捞出，一般情况下，产卵 5 h 内捞出的卵孵化效果最好。

如果种蛙在种蛙池（土池）中产卵，繁殖期前应注意在蛙池内保留部分水草，这有利于卵的附着，避免沉底时泥水对卵团的浸染。当打捞附着在水草上的卵块时，必须连同水草一起剪断，避免过度拉扯和震荡所带来的机械性损伤；如果捞出的卵带有较多的泥垢，需要将卵块先在清水中清洗干净，然后放入孵卵池中进行孵化；如果种蛙在水泥池或覆膜池产卵，就不必考虑这些问题，这也是种蛙产卵的最佳选择。

四、影响卵块受精率低的主要因素

通常情况下，种蛙雌雄比例在 2：3 左右，卵块的受精率可达95%以上；当雌雄比例在 2：1 时，卵块受精率降到 75% 左右，因此，种蛙的雌雄性比明显影响受精率。

影响卵块受精率的因素还有产卵场地水质浑浊度、水体流动性、水温度、种蛙体质、雄蛙年龄等因素。通常情况下，产卵场地高的水质浑浊度、快的水体流动性、低的水温度、弱的种蛙体质、大的雄蛙年龄均会导致卵块授精率降低。

第四节　蛙卵的孵化

卵的孵化是指蛙卵在一定的环境下从受精卵开始分裂、分化再到出膜形成蝌蚪的过程。蛙卵孵化过程受外部环境条件的影响较大，在此期间，养殖户要重点把握好环境因素的变化。人工养殖需要提供必要的适宜环境，令其孵化效果达到最佳。人工孵化的方法多样，一般按养殖规模的大小选择不同的方法。对于规模大、孵化量大的养殖场，可以使用专门的孵化池或孵化箱进行孵化；孵化量少的养殖场，可以用水缸和水盆孵化。

一、孵化前准备

（一）孵化池处理

孵化蛙卵的孵化池的清洗、消毒特别重要。首先，工作人员要清理掉孵化池内多余的杂物和淤泥，用清水冲洗干净，对池内进行消毒；其次，在消毒后，用清水将孵化池冲洗 5 次以上，待毒性完全消失；最后，注入一定量的经光照和曝气的水于孵化池内，孵化池水深最好在 15 ～ 20 cm，水不能太深，以避免受精卵沉入水底，从而不能接受足够的光照和氧气而影响孵化率；水也不能太浅，防止水浅导致蛙卵干死或者被阳光晒死。

（二）土池孵化处理

在养殖过程中，部分利用土池孵化的养殖户，需要提前将土池池底晒干，并且以出现裂口为宜，其能有效减少有害菌对卵块孵化的影响。具体过程如下：首先在放入卵块前半个月向土池中注水，然后每亩养殖池使用 300 g 生石灰清塘消毒，待池中水的 pH 自然降低后，使用常用的解毒剂解毒，于第二天将卵块放入池中孵化。池中水要求深 15 ～ 20 cm，如果直接在蛙池孵化，注水深度从淹过栖息区开始计算。此外，土池内可种一定量的水草，用于将来继续孵化时卵的固着。

（三）孵化器材处理

当单独使用水盆、水缸或孵化箱来孵化蛙卵时，工作人员要对孵化器材进行消毒处理，处理后用清水冲洗 5 遍以上，直到孵化器材的毒性消失，最后才可用来孵化蛙卵。

（四）蛙卵处理

在将蛙卵放入孵化池前，需要用清水将卵块表面的杂质漂洗干净，从而促进卵块的孵化，同时还需将蛙卵轻轻搅散，避免卵聚成一团，因为成团的卵将导致卵团内的部分卵不能接受足够的光照和氧气，从而窒息死亡，降低卵的孵化率。相对于牛蛙的卵，黑斑蛙的卵承受外界机械压力的能力更强，因此，只要不用力过大，就不必担心卵的损坏。

二、孵化

在完成以上各步骤工作后，可将蛙卵放入孵化池中孵化，卵孵化时采用的方法多种多样。例如，直接将卵放入池内进行孵化，也可以使用工具将卵承载在水中进行孵化（见图6-3）。

图 6-3　土池孵化、水盆孵化和孵化池孵化

（一）土池孵化

土池孵化适合小型养殖场，因为土池孵化能直接减少后续孵化池孵化需要的转池步骤。如果孵化数量较大，为了防止卵沉入水底而被泥土覆盖，许多养殖户在水中种好一定量的水草，以便于卵固着在水中的水草上，如果不用水草固着卵，其孵化率将明显降低。当孵化卵的数量较少时，养殖户可使用一些网箱等能浮水的器具来使卵浮在水面。此外，如果卵直接在蛙池中孵化，卵应该投放在被水淹过的栖息区内，而不能投放在水沟区内。

（二）水盆孵化

小型养殖场可将少量孵化放入较大的水箱或水盆中进行，值得注意的是水箱水盆孵化要严格控制卵的投放密度，如果投放的卵密度太大，将会导致卵缺氧而窒息死亡。

（三）孵化池孵化

采用孵化池或覆膜池孵化，能隔绝土壤中的有害物质、细菌以及泥土中的泥浆；以减少它们对卵粒的影响，从而提高孵化率和幼苗的成活率。大型养殖场一般选择干净的孵化池或覆膜池孵化，养殖户可直接将卵均匀地放在水中孵化，也可以用塑料网箱将卵承载在水中进行孵化。

三、出膜和转池

当蛙卵发育至心跳期时，胚胎即孵化出膜，肉眼可观察到胚胎外的胶质膜和卵黄囊完全裂解，蝌蚪呈海马状，此时能完全分清蝌蚪头尾部。在25℃左右的气温条件下，生活2～3天的蝌蚪头部逐渐发育变圆，游动能力逐渐增强，此时蝌蚪全长6～7 mm，体质弱小，尚未具有捕食能力，主要靠吸收卵黄囊内的营养为生。由于此时的蝌蚪弱小，不宜分池，也不需要投喂饵料；只要能够保证水体洁净和含氧量，同时不要搅动水体来打扰蝌蚪休息。在出膜4～5天以后，蝌蚪即可开口捕食，此时可投喂豆浆或者捏碎的蛋黄，也可将粉状商品饵料兑水进行泼洒喂养。当蝌蚪出膜15天时，可分池饲养或者出售，此时黑斑蛙的蝌蚪进入培育阶段。

四、卵粒孵化的影响因素

（一）温度对胚胎孵化的影响

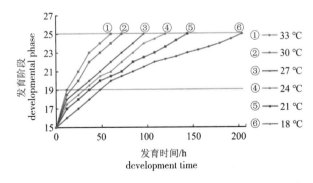

图6-4　不同水温条件下黑斑蛙胚胎发育历期（摘 王玉珠）

黑斑蛙胚胎在水温18～33℃内均能正常孵化，孵化时间随温度的升高而缩短，该温度范围不影响胚胎孵化率，且黑斑蛙胚胎在水温24～27℃孵化效果最好。水温低于18℃或高于35℃，孵化过程容易造成胚胎畸形，水温低于15℃或高于37℃，胚胎停止发育。因此，黑斑蛙蝌蚪孵化应充分考虑温度的变化（见图6-4）。

以川渝地区为例，黑斑蛙于每年3月出蛰并开始抱对产卵，3月中旬至5月初为繁殖高峰期，虽然这一时期均能正常孵化蝌蚪，但是这段时间早晚温差较大，尤其是清早温度大多低于15℃，加上气候多变，会在一定程度上影响蝌蚪的孵化率。然而，孵化时间应该选在这个时期，如果孵化时间太早，温度过低不宜孵化；时间太晚，就会延误生产和销售。为了选择最佳孵化温度，部分养殖场建设保温设施来调节孵化池水体的温度，提高卵的孵化率（见图6-5）。

图6-5　左：大棚控温孵化；右：大棚内增氧处理

（二）溶解氧对于胚胎发育的影响

黑斑蛙卵和蝌蚪在水体中发育，早期蝌蚪的发育完全依靠鳃呼吸，水中的溶解氧与蝌蚪的发育密切关系。在早期的胚胎发育过程中，胚胎的活动随着发育周期增长而逐渐加强，在黑斑蛙蝌蚪的心跳期以前，水中的溶解氧应该保证在3.4 mg/L以上，如果低于2 mg/L，将导致胚胎死亡；在黑斑蛙蝌蚪孵至鳃盖完成期以前，溶解氧应该保证在5 mg/L以上。孵化期间溶氧量越高，孵化的幼苗越健壮，活性越强。此外，由于黑斑蛙卵产出时呈块状，卵孵化时应该将大的卵块分离成小块，均匀将卵块放至孵化池中，卵块中的卵不能局部过厚过密，否则会导致孵化率显著降低。

（三）水的硬度对黑斑蛙胚胎发育的影响

实验研究表明水体的 pH 与黑斑蛙胚胎的发育密切相关，pH 在 6.5 ~ 7.5，胚胎发育良好，大于或小于此区间都将影响黑斑蛙胚胎的发育。我国大多数天然水体的 pH 在 7.0 左右，其对黑斑蛙胚胎的发育影响不显著。然而，卵孵化过程中产生的代谢废物、卵囊腐坏、未受精卵的腐坏均将对水质产生较大的影响，使水体中含氮的有毒物质增多，因此，采取微流水的方式孵化能有效防止水质恶化，还能提高水体溶解氧的浓度，促进胚胎发育。

（四）机械震荡对黑斑蛙胚胎发育的影响

黑斑蛙胚胎发育出外鳃后，由于卵囊高度膨胀，其对机械作用力的缓冲能力明显下降，此时胚胎极度脆弱，如果受到强烈的外界机械作用力，极易对胚胎造成不可逆的机械损伤，造成发育停止。因此，我们要避免孵化池人为引起的机械作用力对胚胎发育造成的影响。

（五）敌害对黑斑蛙胚胎发育的影响

黑斑蛙卵极易被野生的杂鱼、水生昆虫及其他野蛙蝌蚪等捕食。因此，在卵的孵化过程中要特别注意防范卵的天敌带来的影响，要加强对孵化池的清理力度，对水源进行杀虫和过滤等。

总之，黑斑蛙卵的孵化和水温、酸碱度、含氧量、卵密度和机械作用等密切相关。孵化时的水温最好保持在 23 ~ 28℃，pH 为 6.8 ~ 7.5，含氧量不低于 3 mg/L，水池中水深 20 cm，每平方米放卵 5000 粒，孵化时减少机械作用影响水体。

五、卵孵化期的管理

（一）水质管理

养殖户保证每天的流水水源不受污染，pH 稳定在中性左右，孵化水体清洁干净、溶氧量足够，保证水温在 18℃以上；避免极端气候，气温急剧下降造成孵化水体温度急剧下降，使胚胎发育终止。通常情况尽量采取大棚或者小棚维持温度的稳定，保证卵正常孵化（见图 6-6）。

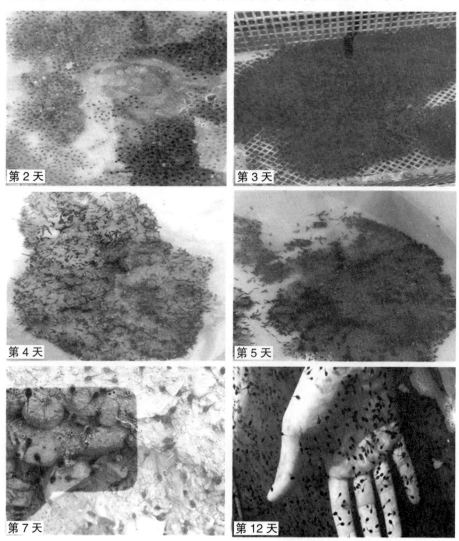

图 6-6　黑斑蛙卵化过程图

（二）注意遮风避雨

在卵的孵化后期，如遇大风大雨的天气，养殖户应在孵化池周围搭建塑料薄膜，防止雨水冲刷对发育中的胚胎造成影响；如果用孵化框孵化卵块，养殖户应用绳子将孵化框固定，防止孵化框被风吹得左右晃动或沉没，减少对胚胎发育的影响（见图6-7）。

图 6-7　室外孵化遮雨措施

第七章 黑斑蛙的饲料配制和加工技术

  配合饲料是根据动物的营养需求和饲料配方，将多种原料按一定比例均匀混合，经适当的加工而成且具有一定形状的饲料。不同的养殖对象或同一养殖对象的不同发育阶段及不同的饲养方式，配合饲料的配方、营养成分、加工成的物理形状和规格均不相同。利用配合饵料饲养黑斑蛙的最大优点是原料来源广泛，能保证供应，其对黑斑蛙的人工规模化、集约化养殖尤为重要。同时，配合饲料能够配制成营养物质更为平衡的全价饲料，不受季节变化的影响，易于储存和保管。

第一节 配合饲料常用原料

  黑斑蛙配合饲料的原料与鱼、虾等水产养殖动物相似，主要包括蛋白质饲料、能量饲料、粗饲料、青绿饲料和添加剂。配合饲料分类依据原则主要依据国际饲料分类原则（见表 7-1）。

表 7-1　国际饲料分类原则

大类序号	饲料分类名称	编码	划分饲料类别依据
1	粗饲料	100000	干物质中粗纤维≥18%
2	青绿饲料	200000	天然水分含量≥60%
3	青贮饲料	300000	天然水分含量45%～55%，由新鲜天然植物经青贮调制而成
4	能量饲料	400000	干物质中粗纤维＜18%，粗蛋白质＜20%
5	蛋白质饲料	500000	干物质中粗纤维＜18%，粗蛋白质≥20%
6	矿物质饲料	600000	可供饲用的天然和工业合成的无机盐类或螯合物
7	维生素饲料	700000	工业合成或提纯的维生素制剂
8	添加剂	800000	为了除提供营养素外而添加少量或微量物质

一、蛋白质饲料

（一）植物性蛋白质饲料

植物性蛋白质饲料主要为饼粕类饲料，包括各种油料籽实提取油脂后的饼粕以及某些谷实的加工副产品。

1. 豆类

籽实包括大豆、膨化大豆粉、豌豆、蚕豆及植物分离蛋白质等。

大豆根据种皮颜色分为黄豆、青豆、黑豆等，黄豆产量最大，黑豆次之。大豆蛋白质含量为32%～40%，属于水溶性蛋白质（约90%），加热后难溶于水。优点表现为氨基酸组成良好，赖氨酸含量较高，黄豆和黑豆的赖氨酸含量分别为2.30%和2.18%。缺点表现为蛋氨酸等含硫氨基酸的含量不高。大豆脂肪含量为17%～20%，在常温下为黄色液体，多属于不饱和脂肪酸，其中亚油酸占55%；脂肪中含有1%的不皂化物，由植物固醇、色素、维生素E组成，另外还含有1.8%～3.2%的磷脂类，为某些水产养殖动物生长和发育所必需。大豆中糖类含30%左右，主要包括蔗糖、水苏糖、阿拉伯糖、半乳糖、粗纤维素。大豆中矿物质以钾、磷、钠居多，其中磷约有 40% 为植酸磷，钙的含量低于磷。大豆中含有胰蛋白酶抑制因子、红细胞凝集素、致甲状腺肿原、抗维生素因子、植酸十二钠、脲酶、皂苷、雌激素、胀气因子等抗营养因子会降低饲料的适口性和可消化性，对养殖动物的生理功能和消化道组织造成负面影响。因此，大豆需经过一定的加热处理才能喂水产动物，如黑斑蛙。

膨化大豆粉是将全脂大豆破碎后，通过膨化机处理后获得的膨化大豆碎屑，然后粉碎即成膨化大豆。全脂大豆经过焙炒、蒸煮、压片、微波处理或加热等方法熟化，成为熟大豆粉。膨化大豆粉广泛应用在很多蛙用饲料中，其营养成分与生大豆类似，同时生大豆中的胰蛋白酶抑制因子等有害物质通过加热破坏，提高了饲料利用率。此外，膨化大豆粉的不饱和脂肪酸含量较高，易于氧化，储藏过程中应注意仓库温度、湿度、光照等因素的影响。

豌豆和蚕豆在水产养殖中应用也有较好的效果，相对于大豆，其蛋白质含量较低，为 22% ~ 25%；粗脂肪含量也很低，仅 1.5% 左右；然而淀粉含量高，无氮浸出物可达 50% 以上，能值与大麦和稻谷相似。使用豌豆和蚕豆时需要注意氨基酸不平衡，有不良反应因子等问题，如蚕豆中的嘧啶核苷、豌豆中的葫芦巴碱有不良反应，豌豆中色氨酸、赖氨酸较大豆低，甲硫氨酸较缺乏。

植物性蛋白质比动物性蛋白质具有价格优势，且营养价值高，经济实用。在鱼类和蛙类饲料中寻找适合的植物性蛋白质替代动物性蛋白质已成为各国饲料研究和开发的热点问题。目前植物分离蛋白质主要包括大豆蛋白粉、小麦蛋白粉、玉米蛋白粉和蚕豆蛋白粉等。

2. 饼粕类

饼粕类原料主要包括豆饼（粕）、棉籽饼（粕）、菜籽饼（粕）、花生饼（粕）、芝麻饼、胡麻饼（粕）、葵花仁饼（粕）、玉米胚芽饼等。通常情况下，不同饼粕类原料经压榨提油后的饼状副产品称为油饼，经浸提脱油后的碎片状或粗粉状副产品称为油粕。油饼和油粕是我国使用广泛的主要植物性蛋白质饲料。饼和粕的成分含量差异大，饲用价值不同。饼的残油量为 5 ～ 9%，粕的残油量为 2% 以下，饼类饲料脂肪能量值高于粕类，蛋白质含量低于粕类，相差 2 ～ 4 个百分点，但是粕类的残留毒素低于饼类。

大豆饼粕是使用广泛、用量多的植物性蛋白质饲料，市场上主要有进口豆粕（美国）和国产豆粕，国产豆粕的等级标准比美国标准低，表现为粗蛋白质含量低、粗纤维含量高（见表 7-2）。与其他饼粕类相比，大豆粕的优点为风味好，色泽好，质量稳定，成分变异少，氨基酸组成较为平衡，消化率高。在合理加工并消除抗营养因子后，使用时不需考虑用量限制，霉菌、细菌等微生物污染较少，易保存。鉴定大豆饼粕品质可采用感官鉴定法，正常大豆饼粕为淡黄色至黄褐色，色泽均匀一致，有烤豆香味，没有霉变、酸败、焦糊味，也不能视检出杂质，具有良好的流动性，容重通常为 0.55 kg/L ～ 0.65 kg/L。

表 7-2 豆粕美国标准与我国标准比较

单位：%

指标	美国标准			中国标准		
	一级	二级	三级	一级	二级	三级
粗蛋白质	≥ 50.0	≥ 44.0	≥ 41.0	≥ 44.0	≥ 42.0	≥ 40.0
粗脂肪	≥ 0.5	≥ 0.5	≥ 3.5	< 2.5	< 2.5	< 2.5
粗纤维	≤ 3.0	≤ 7.0	≤ 7.0	< 5.0	< 6.0	< 7.0

棉籽饼粕是棉籽脱壳后经压榨或浸提脱油后的产品，其营养水平与脱油时棉籽壳所占比例有关。加工条件的不同会造成棉籽饼粕较大的营养价值差异，含棉籽壳量大，产品质量差，含壳的数量小，产品质量好，如果能够完全脱壳生产，质量最好。棉籽饼粕蛋白质含量约为 40%，粗纤维含量为 12% ～ 15%，赖氨酸含量不足（1.3% ～ 1.6%），精氨酸含量过高（3.6% ～ 3.8%），蛋氨酸含量也不足（约 0.4%）（见表 7-3）。因此，棉籽饼粕作为配合饲料原料应注意与含赖氨酸、蛋氨酸含量高而精氨酸含量低的原料合理配伍使用，以利于氨基酸的平衡。

表 7-3　一般棉籽饼粕的营养成分

营养成分	压榨饼	浸提饼
水分	7.5（6.5～10.0）	9.5（9.0～11.5）
粗蛋白质	41.0（39.0～43.0）	41.0（39.0～43.0）
粗脂肪	4.0（3.5～6.5）	1.5（0.5～2.0）
粗纤维	12.0（9.0～13.0）	13.0（11.0～14.0）
粗灰分	6.0（5.0～7.5）	7.0（6.0～8.0）
钙	0.20（0.15～0.35）	0.15（0.05～0.3）
磷	1.10（1.05～1.40）	1.15（1.05～1.40）
有效赖氨酸	1.35（1.2～1.5）	1.6（1.5～1.7）
游离棉酚	0.03（0.01～0.05）	0.3（0.1～0.5）

来源：引自百元生《饲料原料学》，1999

　　在糖类方面，棉籽饼粕以戊聚糖为主，粗纤维含量为 12% 左右。此外，棉籽饼粕中所含的有毒成分限制了其在饲料中的使用比例，其中最主要的有毒成分是游离棉酚，当养殖动物摄食游离棉酚过量或时间过长，可导致中毒，表现为生长受阻、生产性能降低、呼吸困难、繁殖能力下降，甚至死亡；棉籽饼粕中另外一种有毒有害物质是环丙烯类脂肪酸，其主要成分是锦葵酸和苹婆酸，同样会对水生动物的生长繁殖造成伤害。因此，棉籽饼粕很少作为蛙类饲料的原材料。

　　菜籽饼粕蛋白质含量为 34%～38%，粗纤维为 12% 左右，氨基酸组成与大豆饼粕相似，赖氨酸含量为 1.2%～1.4%，蛋氨酸含量较高（为 0.6%～0.8%），精氨酸含量较低（约为 1.8%）。因此，菜籽饼粕与棉籽饼粕在配合饲料中组合搭配，可改善赖氨酸与精氨酸的比例关系；菜籽饼粕所含糖类主要是不易消化的多糖，可利用能量水平较低。在微量元素方面，菜籽饼粕含有丰富的铜、铁、锰、锌、硒、钙、磷，但所含的磷约有 65% 属于植酸磷，利用率低。抗营养因子主要包括硫代葡萄糖苷及水解产物、鞣质、芥子碱、植酸等；硫代葡萄糖苷本身无毒，但可被本身所含有的或动物消化道内所产生的芥子酶所水解，形成异硫氰酸盐、唑烷硫酮和腈等，这些物质均可以导致动物的甲状腺肿大，抑制动物的生长。此外，芥酸可造成脂肪在心脏的蓄积、降低水生动物生长，鞣质能够影响饲料的适口性和营养物质的消化。

菜籽饼粕属于高毒范围，需经过脱毒处理。主要脱毒方法分为两类：①将菜籽饼粕中的有毒成分钝化、破坏或者结合，从而消除或减轻危害；②将有害物质从菜籽饼粕中提取出来，达到去毒目的。

花生饼粕粗蛋白质含量在38%～47%，氨基酸组成比例不佳，赖氨酸含量（1.35%）和蛋氨酸含量（0.39%）都较低，精氨酸含量较高（5.2%），因此，花生饼粕应与含精氨酸含量低的菜籽饼粕、血粉等搭配使用，以利于饲料配方氨基酸平衡。花生饼粕粗纤维含量在4%～7%，粗脂肪含量与提取方法有关，压榨法得到的产品粗脂肪含量为4%～7%，浸提法得到的产品粗脂肪含量为0.5%～2%。维生素含量方面，B族维生素含量丰富，而维生素D和核黄素含量很低；矿物质含量中钙、磷均较少，磷多为植酸磷（见表7-4）。在有毒物质含量方面，花生饼粕主要易感染黄曲霉，进而产生黄曲霉毒素，其可侵害动物的肝脏、血管及神经系统。

表 7-4 花生饼粕的基本营养成分

营养成分	花生仁饼	花生仁粕
水分	9.0（8.5～11.0）	9.0（8.5～11.0）
粗蛋白质	45.0（41.0～47.0）	45.0（42.5～48.0）
粗脂肪	5.0（4.0～7.0）	1.0（0.5～1.0）
粗纤维	4.2（4.0～6.0）	5.2（5.0～6.0）
粗灰分	5.5（4.0～6.5）	5.5（5.0～7.0）
钙	0.20（0.15～0.30）	0.2（0.15～0.3）
磷	0.55（0.45～0.65）	0.6（0.45～0.65）

来源：引自白元生《饲料原料学》，1999

向日葵仁饼粕粗蛋白质含量、氨基酸组成可与优质豆饼相媲美。芝麻饼粕粗蛋白质含量很高，蛋氨酸含量达 0.8% 以上，矿物质中钙、磷的含量也很高，但赖氨酸含量较低；由于植酸的存在，使动物对矿物元素的吸收受到抑制。

3. 淀粉工业副产品

在淀粉的加工过程中，会产生各种副产品，其中有些可以作为植物性蛋白质饲料原料应用于蛙类配合饲料中。

玉米蛋白粉是玉米除去淀粉、胚芽及外皮后剩下的产品，属于高蛋白质、高能量饲料原料，蛋白质消化率和可利用能值高，但氨基酸平衡性和蛋白质品质较差，按照粗蛋白质、粗脂肪、粗纤维、粗灰分含量可分为一级、二级、三级共 3 个质量等级（NY/T 685—2003）。

小麦蛋白粉是小麦制造小麦淀粉后的产品，蛋白质以醇溶蛋白和面筋蛋白为主，吸水后可增强黏弹性，在鳗鱼、甲鱼等饲料加工中极为重要。

4. 糟渣类

糟渣类饲料原料是工业食品和发酵工业的副产品，主要常用的包括酒精糟、啤酒糟、豆腐渣等。

酒精糟可分为干粗酒糟（DDG）、干酒糟可溶物（DDS）和干全酒糟（DDGS）。干粗酒糟是由酵母发酵的谷物酒精糟经简单过滤后的滤渣干燥所得的产品，干酒糟可溶物是由酵母发酵的谷物中提取酒精后剩余残液中分离出的可溶物经浓缩、干燥后得到的产品，干全酒糟是上述残液中至少 3/4 的固形物浓缩、干燥后得到的产品。三种原料的粗蛋白质含量基本接近，但粗纤维差异较大，分别为 11%、7% 和 4%。干全酒糟的蛋白质含量可达 28%、赖氨酸 1.3%、蛋氨酸 0.6%，可消化氨基酸含量较高，同时含有大量糖化酶、酵母、发酵产物、维生素 E、B 族维生素及未知生长因子，对蛙类有较好的适口性。

啤酒糟是大麦提取可溶性糖类后的残渣，粗蛋白质含量为 22%～27%，粗纤维含量较高，矿物质与维生素含量丰富，粗脂肪含量为 5%～8%，无氮浸出物为 39%～40%，同时也含有糖化酶、半乳糖苷酶、蛋白酶等消化酶，以促进动物消化。

豆腐渣是大豆加工成豆腐后的副产品，其适口性好，蛋白质含量高，可达 30.7%，粗纤维含量低，因此是蛙类优质的植物性蛋白质饲料源，但豆腐渣与豆类一样含有胰蛋白酶抑制因子，使用时需加热煮熟。

5. 草粉

草粉是优质豆科牧草（苜蓿、三叶草等）经干燥加工制成的植物饲料原料，优质的草粉粗蛋白质可达 20%，且含有较多的维生素和类胡萝卜素，可为产品着色。同时，未知促生长因子也可促进动物的生长，但含有的胰蛋白酶抑制因子、鞣质、皂苷、生物碱等有害因子限制了其使用量。

（二）动物性蛋白质饲料

动物性蛋白质饲料主要是指用畜禽屠宰后的副产品、水产制品为原料加工制成的产品，主要营养特点是粗蛋白质含量高且氨基酸组成良好、糖类含量少、维生素和矿物质含量丰富，并含有未知生长因子。

1. 鱼粉

鱼粉是全鱼或去除可食部分后的剩余物，经过蒸煮、压榨、脱水、干燥及粉碎等工序后制成的产品。鱼粉的分类标准很多，根据鱼粉加工厂的位置，可分为工船鱼粉和沿岸鱼粉；根据原料鱼的种类，可为鳕鱼粉、鲱鱼粉和沙丁鱼粉等；根据鱼粉加工工艺，可分为脱脂鱼粉和全脂鱼粉；根据原料鱼肌肉的颜色，可分为白鱼粉和红鱼粉；根据对原料鱼的利用程度，可分为全鱼粉和鱼粕粉；根据鱼粉生产的国家不同，可分为秘鲁鱼粉、智利鱼粉和国产鱼粉等。

我国是世界上最大的鱼粉消费国和进口国，由于我国鱼粉加工业起步较晚及沿海资源的匮乏，国产鱼粉的品质较差。为规范市场，我国于 2003 年重新制定了鱼粉国家标准 GB/T 19164—2003，对鱼粉的一般成分及规格做了界定（见表 7-5）。

表 7-5 不同规格鱼粉的基本营养成分

项目指标	规格			
	特极品	一级品	二级品	三级品
粗蛋白质 /%	≥ 65	≥ 60	≥ 55	≥ 50
粗脂肪 /%	≤ 11（红鱼粉）	≤ 12（红鱼粉）	≤ 13	≤ 14
	≤ 9（白鱼粉）	≤ 10（白鱼粉）		
水分 /%	≤ 10	≤ 10	≤ 10	≤ 10
盐分（以 NaCl 计）/%	≤ 2	≤ 3	≤ 3	≤ 4
灰分 /%	≤ 16（红鱼粉）	≤ 18（红鱼粉）	≤ 20	≤ 23
	≤ 18（白鱼粉）	≤ 20（白鱼粉）		
砂分 /%	≤ 1.5	≤ 2	≤ 3	
赖氨酸 /%	≥ 4.6（红鱼粉）	≥ 4.4（红鱼粉）	≥ 4.2	≥ 3.8
	≥ 3.6（白鱼粉）	≥ 3.4（白鱼粉）		
蛋氨酸 /%	≥ 1.7（红鱼粉）	≥ 1.5（红鱼粉）	≥ 1.3	
	≥ 1.5（白鱼粉）	≥ 1.3（白鱼粉）		
胃蛋白酶消化率 /%	≥ 90（红鱼粉）	≥ 88（红鱼粉）	≥ 85	
	≥ 88（白鱼粉）	≥ 86（白鱼粉）		
挥发性盐基氮（VBN）/ mg/（100g）$^{-1}$	≤ 110	≤ 130	≤ 150	
油脂酸价 /mgKOH/g	≤ 3	≤ 5	≤ 7	
尿素 /%	≤ 0.3	/	≤ 0.7	/
组胺 /mg/kg	≤ 300（红鱼粉）	≤ 500（红鱼粉）	≤ 1000（红鱼粉）	≤ 1500（红鱼粉）
	≤ 40（白鱼粉）			
铬（以 6 价铬计）/mg/kg^{-1}	≤ 8			
粉碎粒度 /%	≥ 96			
杂质 /%				

注：①粉碎粒度是通过筛孔为 2.8 mm 的标准筛。

②杂质为不含非鱼粉原料的含氮物质及加工鱼露的废渣。

鱼粉质量的判别标准还应该从颜色、味道、镜检、有无掺杂等方面予以判断。优质的鱼粉蛋白质含量可达 75% 左右；氨基酸组成全面，蛋氨酸、赖氨酸、色氨酸等十种必需氨基酸含量均很丰富；鱼粉中的脂肪酸以不饱和脂肪酸居多，是蛙类必需的营养成分；鱼粉中还含有丰富的维生素和矿物质。因此，鱼粉是优质的动物性蛋白质原料。

2．肉骨粉

肉骨粉是畜禽屠宰场及肉品加工厂的副产品，一般粗蛋白质含量在 45% ～ 60%，粗脂肪 8% ～ 15%，粗纤维 2% ～ 4%，粗灰分 16% ～ 40%。虽然肉骨粉的蛋白质含量较高，但是氨基酸组成不佳，蛋白质消化率低。因此，其饲养效果一般。

3．血粉

血粉是动物屠宰时采收的血液经加工而成的动物性蛋白质饲料。依据加工工艺不同，可分为一般蒸煮干燥血粉、喷雾干燥血粉和瞬间干燥血粉等，其蛋白质含量很高（为 80% ～ 90%），但氨基酸很不平衡，赖氨酸、亮氨酸含量较高，而蛋氨酸、异亮氨酸、精氨酸含量较低，钙、磷含量很少，铁含量很高，富含烟酸、维生素 B_2、维生素 B_{12} 等。

4．血浆蛋白粉

血浆蛋白粉是动物血液分离出红细胞后经喷雾干燥而制成的粉状产品。其粗蛋白质可达 70% 以上，氨基酸构成好，蛋白质消化率一般在 95% 左右，铁、磷、镁等矿物元素也有较高的消化率。此外，血浆蛋白粉还含有白蛋白、营养结合蛋白、免疫球蛋白等功能性蛋白质以及促生长因子、干扰素、激素、溶菌酶等免疫类物质。

5．内脏粉

动物屠宰后的脏器经干燥粉碎后的产品即为内脏粉，其蛋白质含量高，赖氨酸、蛋氨酸、色氨酸、胱氨酸含量均较高，此外，还含有未知生长因子及诱食物质，可以提高蛙类的摄食量及促进蛙类生长。

6．虾糠

食用虾蟹或加工虾蟹后剩下的壳、头等物质经干燥粉碎后得到的产品，称为虾糠。虾糠蛋白质含量较高，约为 35%，且含有甲壳素和非蛋白氮，因此虾糠的氨基酸总和与粗蛋白质的差距较大。此外，虾糠含有高量的不饱和脂肪酸，丰富的胆碱、磷脂、胆固醇等，还含有虾青素、磷、钙、铁、锰、锌等有益元素。

7. 昆虫粉和蚯蚓

昆虫粉是以可用作饲料的昆虫类为原料，经人工养殖、杀灭、干燥及粉碎等加工工艺而生产出的一种蛋白质饲料，粗蛋白质含量一般在 60%左右。常见的昆虫包括蝇蛆和黄粉虫，两者氨基酸组成和鱼粉相似，粗纤维含量少且富含微量元素，因此，昆虫粉是蛙类的优良蛋白质饲料原料。蚯蚓是世界上最有价值的生物之一，其营养价值很高，富含维生素 A 和 B 族维生素，同时还含有高量的铁、铜、锰、锌等微量元素，特别是动物对其磷的利用率高达 90%。

（三）单细胞蛋白质饲料

单细胞蛋白质饲料是经过工业方法增殖培养的单细胞或具有简单构造的多细胞生物的菌体蛋白的统称。

1. 干酵母

干酵母是由一定方法培养的纯酵母菌体经干燥而成的产物。按培养基原料大致可分为啤酒酵母、味精酵母等。啤酒酵母是指啤酒制造过程中菌类酵母干燥后的产品，蛋白质含量为 40% ~ 50%，富含维生素、矿物质及其他养分。味精酵母是指在生产味精的废液中接种酵母菌种进行发酵，后经分离机分离、浓缩和干燥后的产品，粗蛋白质含量约为 61%。

2. 单细胞藻类

单细胞藻类是以天然有机物和无机物为培养基，以阳光、二氧化碳、氨等为能源，生活于水中的小型单细胞浮游生物体。经分离、干燥而成的藻粉是蛙类蝌蚪的天然饵料，可作为配合饲料原料。目前人工培养较多的是绿藻、蓝藻等。绿藻呈深绿色，其组成成分虽好，但细胞壁不易分解，因而蝌蚪对绿藻的消化率较低；蓝藻与绿藻相比，脂肪及纤维含量较低，无氮浸出物较少。

二、能量饲料

能量饲料在饲料分类上指的是干物质中粗纤维含量小于18%、蛋白质含量小于20%的一类饲料。能量饲料主要包括五类：禾谷类籽实，糠麸类饲料，淀粉质的块根、块茎、瓜类饲料，饲用油脂类，淀粉及制糖加工的部分副产品。

（一）禾谷类籽实

常见的禾谷类籽实包括小麦、玉米、大麦、燕麦、稻谷、高粱等以及其加工副产品。其含有丰富的无氮浸出物，其中淀粉占82%～90%，粗纤维含量较低。淀粉是谷物饲料中最有饲用价值的成分，但水生动物利用淀粉作为能量来源的能力较差。

1. 玉米

我国是世界上玉米生产最多的国家之一，产量仅次于水稻、小麦，主要产区分布在东北、华北、西北、华东、西南等地。玉米粗蛋白质含量仅为8%～9%，且氨基酸比例不良，缺乏赖氨酸、色氨酸；粗纤维含量较少，而无氮浸出物含量高达70%。粗脂肪含量较高，矿物元素含量较低；黄玉米中富含β-胡萝卜素以及维生素E，而维生素D和维生素K较为缺乏。

2. 小麦及次粉

小麦是世界上主要的粮食作物之一，我国小麦的产量位居世界第二。小麦粗蛋白质含量较高（约为14%），能值仅次于玉米。所含蛋白质品质不良，赖氨酸、苏氨酸含量较低，粗纤维含量略高于玉米，无氮浸出物略低于玉米，小麦所含B族维生素和维生素E较多，但维生素A、维生素D、维生素K含量较少，所含矿物质钙少磷多，铜、锰、锌含量比玉米高。

次粉又称为黑面、黄粉、下面或三等粉，通常为粉白色至浅褐色的粉状物，有小麦特有的香甜味及面粉味，其营养组成与饲料功用与小麦相差无几。在水产饲料中，除可提供营养外，次粉还是良好的黏结剂，可以形成硬度较好的颗粒饲料。

3. 其他禾谷类籽实

除玉米、小麦、次粉等水产饲料常用禾谷类籽实外，高粱、稻谷、糙米、大麦、燕麦、黑麦、荞麦也属于此类,其在水产饲料原料中使用范围较小,成本较高。

（二）糠麸类饲料

糠麸是指用谷类籽实加工粮食产品所得的副产品,糠是制米副产品,麸是制粉副产品。同原粮相比,糠麸的粗蛋白质、粗脂肪、粗纤维含量均较高,而无氮浸出物、消化率和有效能值含量均有所降低。

1. 谷糠

谷糠又可分为砻糠、米糠和统糠。统糠是米糠和砻糠的混合物,砻糠含量比例越高,统糠营养价值越低。因此从营养利用的角度看,米糠和砻糠不能混合使用。米糠粗蛋白质含量为10.5% ～ 13.5%,氨基酸组成较玉米优良,粗脂肪含量也很高（可达15%）,因而能值居糠麸类饲料之首。砻糠的脂肪酸组成多为不饱和脂肪酸,并且富含维生素E和B族维生素,肌醇含量很高,矿物质组成钙少磷多,且大部分属于植酸磷,利用率低。

2. 麸皮

麸皮是小麦籽实加工面粉后的副产品,其色泽随小麦品种等级、品质而有所差异。小麦麸的粗纤维含量为8% ～ 10%,无氮浸出物为50% ～ 55%,蛋白质含量较次粉高（为13% ～ 16%）,粗灰分约为6%。

（三）淀粉质的块根、块茎、瓜类饲料

此类饲料富含淀粉和小分子糖,粗纤维含量低,广泛存在于植物的种子、块茎和块根器官,粗蛋白质含量低（仅为1% ～ 2%）,蛋白质品质差。其含直链淀粉和支链淀粉,直链淀粉仅少量溶于热水,溶液放置时重新析出淀粉晶体;支链淀粉易溶于水,形成稳定的胶体,静置时溶液不出现沉淀。此类饲料原料包括甘薯、木薯、马铃薯等。甘薯富含糖类和胡萝卜素,能量营养价值高;木薯含有大量淀粉,无氮浸出物和消化能较高,但同时含有亚麻苦苷毒素,可引起中毒;马铃薯含有70% ～ 80%的淀粉,含具有一定量的B族维生素和维生素C,但胡萝卜素含量很少,蛋白质和钙、磷含量也较低。

（四）饲用油脂类

饲用油脂主要成分为甘油三酯，按照油脂的来源，可分为植物性油脂和动物性油脂。常用的植物性油脂有大豆油、菜籽油、棉籽油、米糠油、磷脂油等；常用的动物性油脂有海水鱼油、鱼肝油、猪油等。水产动物特别是蛙类对油脂的利用率很高，在饲料中添加油脂可提高饲料的能量并节约蛋白质。此外，还可以改善饲料外观，增加光泽，提高商品价值。饲用油脂需要注意油脂的易氧化性，氧化后的油脂对蛙类危害很大，如出现肌肉萎缩、肝脏病变等。

（五）淀粉及制糖加工的部分副产品

其包括 α - 淀粉、玉米胚芽粕和糖蜜三种。α - 淀粉是生淀粉经过高温与水的作用后，湿润膨胀使氢键断裂后所形成的淀粉；其易于消化吸收，是蛙类的良好配合饲料原料。玉米胚芽粕是以加工玉米淀粉过程中的玉米胚芽为原料，经压榨或浸提取油后的副产品，其氨基酸组成与玉米蛋白质饲料的营养相似。糖蜜是在制糖过程中压榨出的汁液经加热、中和、沉淀、浓缩结晶等工序所得的副产品，粗蛋白质为 7.8% ~ 10%，所含的必需氨基酸含量少，非必需氨基酸含量高，蛋白质生物学效价低。

第二节　配合饲料配方设计的原则与方法

一、配合饲料设计的原则

（一）营养性原则

根据蛙类在不同生育阶段、饲养方式和环境条件下的营养需要量来设计配方，贯彻营养平衡原则，把握饲料中蛋白质、脂肪、糖和能量蛋白比的比例关系，各种必需氨基酸、必需脂肪酸之间的平衡与充足程度，各种矿物质和维生素的量以及它们之间的关系。

充分考虑蛙类的营养生理特点,包括种类、发育阶段、年龄和个体大小。实验数据表明:一般情况下,蝌蚪用蛋白质含量33.19%、粗脂肪含量1.75%的配合饲料投喂,效果最好;变态后的蛙用蛋白质含量34.5%、粗脂肪含量2.3%、粗纤维含量3.6%的配合饲料为优,另添加微量元素含量0.5%、维生素含量0.5%;成体蛙类用蛋白质含量33.5%、粗脂肪含量3.3%、粗纤维含量3.8%的配合饲料为优,另添加微量元素含量0.4%、维生素含量0.5%。

(二)适口性原则

饲料适口性直接影响蛙类的摄食量,因此,在考虑营养价值和经济价值的同时,还要考虑蛙类的食性特点。为了提高配合饲料的适口性,可添加蛙类的嗜好性食物或物质。同时,配合饲料应制作成适合蛙类摄食习性的形态,蝌蚪阶段的配合饲料为粉末状,投喂时直接撒于水面;变态后的幼蛙和成蛙的配合饲料都必须做成颗粒状,大小以适合口的形状,以一口即能吞食为宜;幼蛙、成蛙的配合饲料可以制成膨化颗粒饵料,这种饵料可以直接撒于水面,有利于蛙类摄食与消化。此外,膨化颗粒饲料有较好的保水性,在水中保持较长时间而不分散,减少对水体的污染和饲料的浪费。

(三)经济性原则

通过对比试验,获得最有效的性价比是配方设计,不仅可以在保证一定生产性能的前提下提高饲料配方的经济性,而且有利于配方在产品质量与成本价格之间权衡。

(四)可加工性原则

选择配方原料应充分考虑原料种类、数量的稳定供应、质量的稳定性和原料特性适合加工工艺要求。

膨化颗粒饲料的生产方法:首先将人工配合饲料的各种原料加工成粉末状,混合后搅拌均匀;其次加入黏合膨化剂,黏合膨化剂用量以能使原料达到黏合即可，再加入适量冷水，搅拌成团；最后用饲料机加工成颗粒饲料或膨化饲料，干燥后保存或直接投喂。

（五）市场认同性原则

明确不同蛙类物种饲料的定位、档次、客户范围、特定需求以及现在与未来市场对产品的认可与接受前景。

（六）稳定性原则

集约化和规模化养殖的黑斑蛙对配合饲料成分的变化很敏感，在此条件下，配方的设计在一定时间内需保持相对稳定；如果要调整，需要实验数据验证后，循序渐进修改配方方案，进而提高饲料的效果。

（七）灵活性原则

饲料应有一定的稳定性，但也不是绝对不变，当季节、天气、地域、环境、动物健康状况发生改变时，配方也应做相应的调整。

（八）安全合法性原则

设计的饲料配方产品应符合国家有关的法律法规。水产饲料配制过程中应执行的有关安全卫生方面的法规、法令有《食品动物禁用的兽药及其他化合物清单》《饲料卫生标准》[中华人民共和国国家标准（GB 13078—2001）]、《无公害食品 渔用药物使用准则》[中华人民共和国农业行业标准（NY 5071—2002）]、《无公害食品 渔用配合饲料安全限量》[中华人民共和国农业行业标准（NY 5072—2002）]。

二、配合饲料设计的方法

配方设计的方法有很多，最常用的有试差法、方块法和电子计算机法。

（一）手工设计法

1. 试差法

此法容易掌握，一般生产单位都可以用来设计饲料配方，大致可分为以下5个步骤：①可根据养殖蛙类的品种、生产水平和营养标准，确定所配制的饲料应该给予的能量和各种营养物质的数量；②根据饲料源状况及前人或自己的经验，初步拟定饲料原料的配合比例；③依据饲料营养成分和营养价值的相关资料，查出所选定原料的各种营养成分含量；④按初步拟定的饲料原料配合比例，计算出所选定的各种原料中各项营养成分的含量，并逐项相加，算出每千克配合饲料中各项营养成分的含量；然后与所确定的饲料营养标准相比较，将营养成分含量调整到与饲料标准基本相符的水平；最后检查饲料原料成本；⑤根据饲养标准添加适量的添加剂，如维生素、矿物质等。

2．方块法

（1）单方块法

单方块法是一种数学模拟法，适用于饲料原料种类不多及要考虑的营养指标较少的配方设计。一般蛙类饲料中，蛋白质原料的价格高，来源少；当方块法只能求一个营养指标时，往往把饲料配方中的粗蛋白质作为营养指标。以牛蛙为例进行介绍，设计步骤：①查询牛蛙营养需要，如美国青蛙幼蛙对粗蛋白质的要求是40%～45%，先假设需要的蛋白质含量是45%，随后查询饲料营养价值表得知三等粉的粗蛋白质含量为17%，鱼粉含粗蛋白质65%；②画方块图，把最终配方要求的粗蛋白质含量（45%）写在方块中央，即对角线交叉处，再把三等粉和鱼粉的粗蛋白质含量分别写在方块的左上角和左下角；③顺对角线方向大数减去小数，得出的差数分别写在方块的右上角和右下角；④计算出最终配方。利用三等粉和鱼粉制作牛蛙幼蛙饲料，配方中三等粉占41.67%；鱼粉占58.33%。方块的左边是两种原料的粗蛋白质含量，与要达到的最终配方蛋白质含量指标相比，必须一种大，另一种小。

（2）连续方块法

此方法适用于多种饲料原料配方设计，配合要求达到一个指标的设计，设计的基础仍是方块法，只不过把各原料成对地"并联"计算而已，要求也与方块法相同。以设计由鱼粉、血粉、肉骨粉、三等粉、米糠、玉米组成的含粗蛋白质40%的美国青蛙成蛙饲料配方为例。设计步骤：首先查看各原料的粗蛋白质含量，查得血粉、鱼粉、肉骨粉、三等粉、米糠、玉米的粗蛋白质含量分别为80.2%、65%、44%、17%、10%和8%；其次用画方块计算，获得各血粉、鱼粉、肉骨粉、三等粉、米糠、玉米在配方中比例；最后随着饲料排列顺序的不同，得出的配方不同，用户可根据原料来源、营养价值与价格选择其中一个。可见，连续方块法的特点是运算快捷，设计简便。

（3）分组分块法

分组分块法方法也适用于多种饲料原料，配制要求满足一种营养指标，而且有特定的添加比例。应用玉米、大麦、三等粉、鱼粉、血粉和添加剂，设计牛蛙成蛙饲料配方。步骤包括：①查相关表得知，成蛙饲料配方要求粗蛋白质含量为40%，玉米、大麦、三等粉、鱼粉、血粉、添加剂的粗蛋白质含量分别为9%、10%、17%、65%、80%、0，要求添加剂在最终配方中占2.5%；②把上述原料按照粗蛋白质含量高于或低于20%分为两组，添加剂另列。在每组中根据饲料来源、价格预定每种饲料原料的比例，再分别求出每组饲料的蛋白质含量；③把添加剂从混合料中预留出2.5%，再核算美国青蛙成蛙饲料粗蛋白质要求含量；④运用方块法求出两大组饲料的百分比，再依据第二步预定的每组中各原料的比例逐一换算出各原料的百分比，最后把添加剂2.5%计算在内，即得最终配方。

（二）线性规划及电子计算机设计方法

线性规划是最简单、应用最为广泛的一种数学规划方法。为获得营养合理、成本最低的蛙类饲料配方，目前常采用线性规划法来设计。其原理是将蛙类对营养的最适需要量和饲料原料的营养成分及价格作为已知条件，把满足蛙类营养需要量作为约束条件，再把饲料成本作为设计饲料配方的目标，用电子计算机进行运算。

1. 关于线性规划法在蛙类饲料配方设计中的应用

线性规划法设计优化饲料配方必须具备4个条件：①掌握养殖蛙类的营养标准或饲料标准；②掌握各种饲料原料的营养成分含量和原料价格；③来自某种饲料原料的营养素的含量与这种原料的用量成正比；④两种或

两种以上的饲料原料配合时，营养素的含量是各种饲料原料中的营养素含量的总和。这里即假设配方中各营养组分没有交叉作用效果。

2. 线性规划法设计优化饲料配方的步骤

（1）建立数学模型

通过建立学术模型，首先掌握养殖蛙类的营养标准、饲料标准，或根据经验推知养殖蛙类的营养需要量；其次掌握所需饲料原料的品质、价格和营养成分，通过查表获得各原料的营养成分含量，必要或有条件时可以实测营养成分含量；最后确定目标函数，在满足养殖对象营养需要的前提下，以达到饲料成本最低为目标。

（2）解数学公式，求出未知数

数学模型求解是线性规划法的核心，手工求解极为复杂且费时，并且容易出错。此时应利用计算机完成求解，即可使用高级计算机语言（如BASIC、FORTRAN等）来编辑程序计算，也可以利用计算机中的Excel软件中的规划求解功能，还可以购买专用线性规划商业软件来设计配方饲料。

（3）研究求得的解，设计出具体的饲料配方

对计算结果进行检查，看是否满足了预定的设计目的。如果出现在模型中某一种廉价的饲料原料在设计时，只进行了一端约束或没有约束条件且得出的配方中这种原料的比例特别高，并与设计者的期望不相符，那么有可能这种原料的适口性并不好或含有高量的抗营养因子或毒素；另外一种可能出现的情形是某种饲料原料在配方中的比例可能是零，而设计者希望配方中含有这种饲料原料。这些情况都是由于设计者在建立数学模型时考虑不全面而造成的，只需要对模型进行简单修改，对条件进行两端约束即可解决。仔细检查数学模型，修改约束值，必要时更换饲料原料，重新运算求解。

在得到适合的配方方案后，将电子计算机输出的变量名称更换为相应的饲料原料名称。根据需要，可将所得各原料比例换算为每100 kg或1000 kg配合饲料的含量，形成一个完整的饲料配方。

上述线性规划法优化的饲料配方只从价格因素方面实现了最优化的配

方，但从营养学和其他效益方面综合考量，不一定是最优化配方。因为衡量一个配方的好坏最终要以养殖试验结果来综合评定，如饲料的适口性、原料之间和各种营养素之间的互作效应、不同原料在不同配合比例时的效果，这些因素很难以数学公式来表征。因此，线性规划法设计的饲料配方还需要根据实践检验进行调整。

第三节　黑斑蛙配合饲料配方

依据黑斑蛙对不同营养素的需求，结合水产相关研究单位、南充市重点实验室黑斑蛙养殖实践基地及正大饲料公司提供的一些实用、有效的配方，本书选择部分配方实例，仅供参考。

一、蝌蚪粉状料配方

人工调配蝌蚪饲料的配方有六种。

配方一：鱼粉 60%，米糠 30%，麸皮 10%。

配方二：小杂鱼粉 50%，花生饼 25%，饲用酵母粉 2%，麦麸 10%，小麦粉 13%。

配方三：血粉 20%，花生饼 40%，麦麸 12%，麦粉 10%，豆饼粉 15%，无机盐 2%，维生素添加剂 1%。

配方四：肉粉 20%，白菜叶 10%，豆饼粉 10%，米糠 50%，螺壳粉 2%，蚯蚓粉 8%。

配方五：蚕蛹粉 30%，鱼粉 20%，大麦粉 50%，维生素适量。

配方六：鱼粉 15%，猪肝 25%，米糠 43%，菠菜 10%，骨胶 7%。

二、幼蛙及成蛙饲料配方

配方一：鱼粉 50%，花生饼 30%，麦麸 20%。

配方二：鱼粉 60%～70%，麦麸 20%～25%，干酵母、脱脂奶粉、肝粉、血粉、矿物质、维生素少量。

配方三：豆饼 40%，菜籽饼 5%，鱼粉 10%，血粉 5%，麦麸 30%，苜蓿粉 10%。

第四节　配合饲料的加工

国内外市场已经出现了专门针对蛙类生产的多种人工配合饲料，包括蝌蚪开口料、变态期专用料、幼蛙成长料、成蛙养成料、亲蛙营养料等，这些颗粒饲料的研制和生产对蛙类养殖业起到了极其重要的推动作用。这些蛙类人工配合饲料质量的好坏，不仅与配方设计、原料的选用有关，还与所采用的加工工艺和设备有关。由于蛙类在生活环境、生活习性及生理功能等方面的特点，其配合饲料加工要求较高，主要表现在以下三个方面。

（1）对饲料原料的粉碎粒度要求较高

对于蛙类来说，原料粉碎的粒度直接影响其对配合饲料营养组分的消化率，所以原料粉碎得要细，以便于消化吸收。通常情况下，要求蛙类苗种阶段及养成阶段饲料原料粉碎粒度要小于 0.25 mm，即通过 60 目网筛，筛上物需小于 5%。

（2）饲料的耐水性要好

蛙类蝌蚪时期的摄食方式主要以滤食为主，取食时间是全天候的，只要有饵料，它就会摄食。而成蛙取食主要在夜晚进行，在自然状态下，它总是蛰伏不动；当发现食物时，就会慢慢地接近；在到达一定距离后，蛙会以突然跃起的方式扑向食物。无论哪种方式，当投喂人工配合饲料时，距离蛙类捕食还有一段时间。因此，蛙类的人工配合饲料必须具有良好的耐水性，否则会很快崩散，造成营养成分流失。饲料的耐水性同时也与原料的种类有关，常用原料对饲料耐水性的影响顺序为面粉 > 棉籽饼粕 > 小麦粉 > 鱼粉 > 菜籽饼粕 > 大豆饼粕 > 蚕蛹 > 麸皮 > 玉米蛋白粉 > 玉米粉 > 米糠，顺序中最前面的原料在配合饲料中所占比例越大，饲料的耐水性越好。同时，耐水性与原料的粉碎粒度及调质技术也有关系。

（3）饲料形态需要具有多样性

不同蛙类的摄食习性有所不同，发育的不同阶段也需要不同形状、不同规格的饲料。因此，蛙类人工配合饲料的形态需要具有多样性。蛙类人工配合饲料的加工工艺主要包括原料的接收和清理、粉碎、配料、混合、调质、制粒、后熟化与烘干、后喷涂与冷却、筛分及包装等工序。

一、配合饲料的加工工序与设备

（一）原料的接收

原料的接收是饲料生产的第一道工序，主要包括质量检验、称重计量、调度及入库储存等过程。入库前必须对原料的来源、产地、数量、等级等数据进行记录，同时由质检员进行感官或显微初检，并取样送化验室进行营养成分、可消化性及有毒有害成分检验。依据原料的性状不同，原料接收可分为散装料的接收、袋装料的接收及液体原料的接收。

1．散装料的接收

散装料接收通常包括直接接收和气力输送接收两种方式。直接接收的原料入厂后经汽车或轨道称重后，经卸料坑、水平输送机、斗式提升机等进入料仓；气力输送接收的原料在风机的作用下，经由管道将散装料接收至料仓，广泛应用于港口码头。

2．袋装料的接收

袋装料的接收包括人工接收和机械接收两种形式。人工接收是用人力将袋装原料从运输工具上搬入仓库、堆垛、拆包、投入接料坑；机械接收指由吊车或叉车将袋装原料输送至仓库码垛。

3．液体原料的接收

液体原料的接收主要指的是油脂和糖蜜。一般情况下，原料采用桶装或罐装车装运，桶装液料可由叉车或人工搬运至仓库。

（二）原料的清理

饲料原料中经常混入各种铁钉、麻绳、石块、土块、木块等杂物，主要采取两种措施筛选去除，一种是利用饲料原料与杂物的大小不同，采用筛选法分离；另一种是利用导磁性不同，采用磁选法分离。

1. 筛选法

筛选法主要利用的设备有栅筛和初清筛。栅筛一般放置于接料口处，栅隙的大小一般依据物料的几何尺寸来定。初清筛主要包括圆锥式初清筛、圆筒式初清筛、网带式初清筛。

2. 磁选法

磁选法主要针对原料中混入的铁钉、螺栓、铁块等金属杂质。这些杂质若不去除彻底，会对高速运转的粉碎机和制粒机造成极大的危害。常用的磁选设备有永磁筒和永磁滚筒，前者体积小、占地面积小、无动力消耗，去磁效果较为理想，为目前主要采用的磁选设备。

（三）原料的粉碎

粉碎是饲料加工过程最主要的工序之一，有利于动物的消化吸收，改善和提高物料的加工性能。粉碎后物料的粒度应根据养殖蛙类的不同饲养阶段及饲料加工要求来定。对于蛙类，要求粉碎粒度必须通过60目筛。

1. 粉碎工艺

粉碎工艺主要包括三种，分别是一次、二次和闭路粉碎工艺。按其组合方式可以将粉碎工艺分为先配料后粉碎和先粉碎后配料。我国主要采用的是先粉碎系统，这种工艺可根据原料的性质来配置相应的粉碎机，以取得经济效益的合理性。由于蛙类饲料原料要求粉碎粒度细，物料表面积增大后易吸湿吸潮，流动性差，进入料仓后容易形成物料结团，影响配料工序的进行。

2. 粉碎设备

饲料原料加工过程中，粉碎的方法主要包括击碎、磨碎、压碎和锯切碎等。目前主要采用的粉碎设备是粉碎机，包括锤片式和对辊式两种，其中应用最为广泛的是锤片式粉碎机。锤片式粉碎机工作过程是原料由进料口进入粉碎仓，受到高速回转的锤片反复打击，颗粒与锤片、筛片及自身相互撞击摩擦，使物料逐渐粉碎，当达到一定的粒度后，通过筛片的筛孔借助负压吸风系统排出。此外，随着粉碎工艺的改进，蛙类的颗粒料生产常采用超微粉碎机。

（四）配料

配料是按照生产饲料配方要求，采用特定的配料装置，对所采用的饲料原料进行准确计量的过程。配料是蛙类生产过程中的一个关键环节，其核心设备是配料秤。

配料秤根据工作原理，可分为容积式和重量式两种；根据工作方式，可分为分批式和连续式两种；根据自动化程度，可分为人工和自动两类。重量分批式配料流程称量准确度高，受其他因素的影响小；其中电子配料秤由于自动化程度高、计量精确，目前已被大多数饲料厂采用。自动化配料系统主要由多功能电子秤、控制器、给料器、气动阀门等部分组成。

（五）混合

混合就是在外力的作用下，将配方中各种物料组分充分搅拌、互相掺和，使之均匀分布。

1. 混合工艺

混合过程可分为分批混合和连续混合。分批混合是根据配方所确定的比例将各组分混合在一起，混合机的进料、混合与卸料组成一个混合周期；连续式混合工艺中，各种饲料组分同时连续计量，并按配方比例混合成一股含有各种物料组分的料流，进入连续混合机后，混合成一股均匀的料流，这种工艺可以连续生产，容易与粉碎及制粒的过程相衔接，操作简便。

从混合的组合上可分为二次混合和一次混合工艺。蛙类饲料混合尽量采用二次混合工艺，因为二次混合工艺一般在配料、混合后进行，粉碎后的物料经螺旋输送或风力输送后会产生分级，所以物料需要再增加一次混合。

2. 混合设备

混合设备即混合机，根据工作方式有分批式和连续式混合机；根据主轴的布置形式可分为卧式混合机和立式混合机；根据运动类型又可分为回转筒式和固定腔室两种类型。选择混合机既要考虑生产能力，又要选择技术性能指标高的混合机。混合机选择标准为混合均匀度好、混合速度快、残留量低，能够不飞料、不漏料，便于检视、取样和清理。

混合机通常有卧式螺带混合机、双轴桨叶式混合机、单轴桨叶式混合机、圆锥行星式混合机、V形混合机等。卧式螺带混合机使物料在对流过程中相互掺和、变位而进行混合，在两侧翻滚过程中再次进行混合，以达到混匀的目的；双轴桨叶式混合机及单轴桨叶式混合机使物料在机槽内全方位、立体式连续循环、搅动，相互交错剪切，从而达到快速糅合、混匀的目的；圆锥行星式混合机的螺旋绞龙在做自转的同时，还围绕着锥腔做公转，混合效果好，而且机内残留少，还可添加液体；V形混合机以扩散式混合为主，混合速度慢，但混合均匀度好。

（六）调质

调质是对混合好的饲料进行湿热处理，使淀粉糊化、蛋白质变性、物料软化的过程。

1. 调质的目的

①通过水热作用，使饲料中的淀粉能够充分糊化、蛋白质变性，促进淀粉酶转化成可溶性糖类，提高饲料的消化利用率；②通过蒸汽加热，使物料软化，使其具有可塑性，便于制粒时更易挤压成型，减少对压膜和压辊的磨损，提高生产效能；③提高颗粒料的密度，增加饲料在水中的稳定性，使饲料外表更光洁；④调质过程的高温可以杀灭饲料中的金黄色葡萄球菌、大肠杆菌等有害病菌，从而提高产品的安全性，增进养殖动物的健康。

2. 调质的设备

饲料调质设备的技术关键在于依据配方中原料的特性及产品的质量要求选择合适的调质参数，即调质温度、水分添加量和调质时间。蛙类对颗粒饲料水中稳定性要求较高，为满足这个特殊要求，一般在饲料混合物中添加 4% ～ 6% 的水，适宜的调质温度为 98℃ 左右，饲料的含水率从 10% ～ 12% 增至 15% ～ 17%。

（七）制粒

制粒是将熟化好的粉状配合饲料或单一原料经挤压作用而形成具有一定形状的粒状饲料的过程。根据加工工艺不同，大致可分为硬颗粒饲料制粒和膨化颗粒饲料制粒。

1．硬颗粒饲料制粒

硬颗粒饲料制粒需要将粉状饲料通过机械作用压密、黏合，并经由模孔挤出。制粒机的造粒腔可分为环模式和平模式，环模制粒机主要由喂料器、压粒器、环模、撒料器、调制器、吸铁装置、压辊、喂料刮板、切刀、安全装置、传动机构等组成；物料经喂料器进入压粒器后，在环膜高速旋转的离心力和撒料器的刮料作用下，物料被均匀地分配到模与辊之间；在模与辊的相互运动作用下，物料被进一步挤压，最后经模孔成条柱状连续挤出，再由安装在外的固定切刀切成一定长度的颗粒饲料。平模制粒机与环膜制粒机的区别在于压模与压辊，平模制粒机压模为圆盘式，压辊与压模轴相垂直。

2．膨化颗粒饲料制粒

膨化是将粉状饲料经水热方式调质或不经调质，送入膨化机内，在机械挤压的作用下，升温、增压，然后挤出模孔；由于压力骤然下降，其内在的水分子迅速汽化，使物料膨胀，变成多孔状颗粒饲料。蛙类由于其特殊的食性，常采用膨化颗粒饲料；膨化可提高饲料中营养物质的消化率，杀灭多种病原菌，破坏饲料中的抗营养因子，从而获得较好的养殖效果。

膨化颗粒饲料的主要特点包括六个方面：①通过对饲料的高温加热，有效地消灭其中所含的细菌及其他微生物；②膨化可使淀粉颗粒膨胀，结构发生变化，糊化后的淀粉可以极大地提高淀粉消化率，增加饲料的适口性；③蛋白质在高温、高压的作用下发生了变性，提高了动物对蛋白质的消化率；④通过更换不同形状、不同规格的模孔，可以制造出各种所需的颗粒形状；⑤改变某些饲料组分的分子结构，使其由非营养因子变为营养因子；⑥膨化可在一定程度上改变粗纤维的物理结构，将其转变为膳食纤维，从而提高机体免疫力。

膨化饲料的高温对维生素 C 和氨基酸有一定的破坏作用，故需要在膨化后再添加维生素 C 及氨基酸。

采用的膨化设备是螺杆挤压式膨化机，根据螺杆的结构可分为单螺杆和双螺杆两种；根据调质的方法，可分为湿法挤压机和干法挤压机。膨化颗粒饲料的生产主要采用单螺杆湿法挤压机，主要由缓冲仓、喂料器、调制器、挤压机、模板、切刀装置及传动装置等组成。双螺杆挤压机与单螺杆挤压机的膨化原理基本相同，区别在于单螺杆挤压机设置有专门的外部热控温装置，螺杆的作用是推进物料。挤压机在生产幼蛙开口小粒径饲料的加工中凸显优越性。

（八）后熟化及烘干

蛙类对颗粒饲料淀粉糊化度和耐水性有较高的要求，需要在制粒程序后再增加一道后熟化工序，使颗粒饵料进一步保温，能够充分熟化，避免颗粒饲料外熟内生，大大增加颗粒饲料的生物利用率。后熟化及烘干使用设备为颗粒稳定器，其接受刚压制出来的85℃颗粒饵料，让它在高温、高湿条件下持续一段时间，使颗粒饲料的淀粉充分糊化，蛋白质充分变性，提高耐水性，并烘干后熟化颗粒饲料中的多余水分。

（九）后喷涂及冷却

生产饲料的调质过程会对饲料配方中的一些热敏物质造成破坏，如果通过对维生素、酶制剂，包括油脂、氨基酸、诱食剂、免疫增强剂等进行喷涂技术处理，可减少蛙类饲料在粉碎、膨化制粒等工序中造成的营养成分劣变与损失。

冷却是将刚从制粒机、干燥装置等设备里取出来的颗粒饲料，利用冷却器内的风机抽风对其进行热交换，以迅速降低温度及湿度，目的是防止颗粒饲料变形、破碎及变质。

（十）筛分及包装

冷却后的颗粒饲料经分级筛去不符合要求的碎料、碎渣及粉末，然后按要求进行称量和包装。包装过程需注明商品名称、商标名称、饲料成分、净重、生产日期、有效日期、使用说明、生产厂家及地址等信息。

二、配合饲料的质量管理

配合饲料生产加工完毕后，饲料产品质量的好坏明显影响着蛙类养殖效果的好坏、生产效益以及饲料企业的信誉和发展。因此，对配合饲料产品质量进行有效的检验是饲料工业生产中十分重要的环节，其主要任务是采用物理或化学手段对配合饲料产品的物理特性、营养成分、抗营养因子、有毒有害物质、添加剂等进行定性或定量的分析测定，从而对配合饲料产品的质量进行正确、全面、有效的评定。

（一）配合饲料产品检验内容

1. 常规成分分析

常规成分分析主要包括水分、干物质、粗蛋白质、粗脂肪、粗灰分、粗纤维和无氮浸出物的分析（见表 7-6）。

表 7-6　常见配合饲料检测成分

饲料名称	必检项目	选检项目
配合饲料	水分、粗蛋白质、钙、磷、食盐	卫生指标、氨基酸、特定成分
预混合饲料	水分、粗蛋白质、粗灰分、非蛋白氮	维生素、矿物元素、特定成分

2. 纯养分分析

纯养分分析主要包括氨基酸、真蛋白、维生素、矿物元素、还原糖等的检测。

3. 饲料中有毒有害物质的分析

有害物质分析主要包括一些抗营养因子（如游离棉酚、硫代葡萄糖苷、亚硝酸盐、鞣质、蛋白酶抑制剂）和有毒物质（如黄曲霉毒素、铅、镉、铬）等的分析。

4. 饲料中非营养性添加剂分析

非营养性添加剂分析主要包括诱食剂、着色剂、免疫增强剂、促生长剂等。

5. 饲料中微生物分析

微生物分析主要指对配合饲料中有毒有害的细菌、霉菌等进行分析检测。

6. 配合饲料加工质量检测

加工质量检测主要包括颜色、大小、容重、粉碎粒度、粉化率、硬度、含水率、混合均匀度等。

（二）配合饲料产品检验的主要方法

1. 感官检验法

感官检验法是通过视觉、嗅觉、味觉、触觉等对配合饲料的形态、颜色、气味、质地等是否符合规定作出判断，对其是否发生霉变、虫害、酸败等现象作出直观分析。此法是最简便易行的检验方法，但需要工作人员具有丰富的判断经验。

2. 物理检验法

物理检验法是指使用简单的工具，利用配合饲料的物理性状，对配合饲料进行检验的方法。常见的有以下四种方法：①筛选法，利用不同规格大小的筛子，对混入配合饲料中的异物进行分辨；②体积质量称量法，利用一定标准体积的配合饲料，其质量是一定的；③密度鉴别法，应用相对密度不同的液体，将饲料放入液体内，有的物质会浮起、有的物质会下沉，依据此特性，可鉴别有无异物混入；④镜检法，利用放大镜或显微镜可对配合饲料中肉眼无法看到的异物进行判断、鉴别及检验。

3. 化学分析法

应用化学试剂对配合饲料进行分析、检验和鉴定的方法，大致可分为定性分析法和定量分析法。定性分析法是在配合饲料中加入某种化学试剂，根据发生化学反应所产生的现象，判断饲料中是否混入其他异物。定量分析法是对试样中的水分、粗蛋白质、粗脂肪、粗灰分、粗纤维等特定成分含量进行准确的测定。虽然化学检测法操作复杂、速度较慢，但这种方法具有较高的准确度和重复性，因此便于推广应用。

4. 微生物分析法

细菌与霉菌检验是配合饲料质量检测的主要内容，利用微生物分析法对微生物进行检测需要经过容器洗涤、灭菌消毒、培养基制备、样品稀释液的制备、接种、培养、分离、染色、镜检、菌落计数等操作步骤。细菌检测的项目包括细菌总数、大肠杆菌、沙门菌的检验，霉菌检测项目包括霉菌总数检验、黄曲霉毒素的检验等。

5. 动物试验法

利用活体动物试验可对配合饲料质量的好坏作出最为直观的判断，也是最有说服力的一种试验评定法，但需花费大量的时间和费用，其过程较为复杂。

（三）配合饲料价值评定的指标

评价配合饲料配方的优劣、营养价值的高低，可以分别从化学评价指标、生理生化评价指标、生物学评价指标、经济学评价指标来具体衡量和评定。

1. 化学评价指标

化学评价指标包括能量蛋白比和必需氨基酸指数两个方面：①蛋白质是蛙类饲料的主要成分，但是蛋白质的消化吸收需要能量，因此饲料中的能量与蛋白质比例（CPR）恰当，才能最大程度地被利用；如果 CPR 过大或过小，蛋白质不能被充分利用而造成浪费，均会影响饲料的营养价值；CPR= 每千克饲料的总能量（J/kg）除以饲料蛋白质含量（g）。②必需氨基酸指数（EAAI）是饲料蛋白质中的各种必需氨基酸含量与参考蛋白质中相应的氨基酸含量之比的加权平均值；在一定范围内，EAAI 越大，说明饲料营养价值越高，必需氨基酸越平衡。

2. 生理生化评价指标

生理生化评价指标包括消化率法和蛋白质效率法：①饲料被蛙类摄食后，经过一系列的物理和化学作用，饲料中的营养成分一部分被蛙类消化吸收，另一部分被排出体外。消化率高，说明饲料被吸收利用量大，也就表明这种饲料营养价值高；反之，消化率低，说明饲料营养价值低。②蛋白质效率（PER）是指以某种饲料饲养蛙类，在饲养期内体重增加量与蛋白质摄取量之比；一般来说，PER 值越大，说明营养价值越好。

（3）生物学评价指标

生物学评价指标包括相对生长率、平均日增长率、肥满度、饲料系数和饲料效率。饲料系数是指同时期内总投饲量与蛙体总增重之比。

（4）经济学评价指标

经济学评价指标一般包括饲料成本和饲料投入产出比：①饲料成本是指生产单位重量的蛙类所需要的饲料费用；②饲料投入产出比是指商品总价值与投入饲料成本的比值，蛙类饲料投入产出比为 2.5：3.0。评价某种蛙类饲料的优劣，应该尽量采用以上方法中的评价指标进行综合评价，其评价结果会更客观体现饲料的确切营养价值，才能更有的放矢地选择与自身养殖模式相符的蛙类人工配合饲料。

第五节　配合饲料的保存

配合饲料从生产到饲喂需要经过一段时间，由于蛙类养殖所处环境的特殊性，极有可能造成饲料的发霉变质和霉烂生虫，从而影响养殖效果、造成经济损失。因此，配合饲料保存在养殖中尤为重要。

一、影响配合饲料储存的主要因素

（一）饲料本身的变化

饲料本身的变化主要包括颜色、气味、蛋白质、氨基酸、不饱和脂肪酸、维生素等的变化。刚生产出的颗粒饲料表面光洁，具有特有的香味和光泽。但随着储藏时间的推移，颜色会逐渐变暗，饲料香味也会逐渐消失。如果储藏过程中保管不善，饲料自身会发热，在一定条件下会发生褐变反应，造成蛋白质营养价值降低，参与反应的赖氨酸等不能被消化酶分解。对于亚油酸、亚麻酸、二十碳五烯酸（EPA）、二十二碳六烯酸（DHA）等蛙类必需的不饱和脂肪酸，在储藏不利的条件下，很容易被空气氧化，形成低分子化合物，这些化合物对蛙类不仅没利，反而会造成伤害，降低脂肪的营养价值。维生素是生物活性物质，对环境条件理化因子的变化极为敏感。配合饲料在储藏过程中，随着时间的延长，储藏温度和湿度高、不饱和脂肪酸的氧化和过氧化、微量元素的减少均会造成维生素效价的降低。

（二）环境因素

环境因素对配合饲料的储藏来说包括温度和湿度。温度对配合饲料品质的影响较大，如果配合饲料中的维生素A保存于5℃阴暗环境的密闭容器中，2年后的效价仍可保持80%～90%；如果保存在20℃的容器中，其效价降为75%；如果保存在35℃的容器中，其效价降为25%。湿度对于配合饲料的保存也极为重要。由于配合饲料存在呼吸作用，饲料不断与周围环境交换气体，如果周围空气湿度很大，水分就会进入配合饲料中，使其含水率提高，水分活度增大，而水分活度的升高又可为各种细菌、霉菌的生长繁殖提供条件。饲料中害虫繁殖的最适水分含量为13.5%；当含水率大于15%时，霉菌开始迅速繁殖。

（三）霉菌

霉菌主要包括亮白曲霉、黄曲霉、青霉、赭曲霉等，其中以黄曲霉产生的黄曲霉毒素对养殖动物的危害最大，它不但可以影响养殖动物的生长，严重时可导致养殖动物的死亡。霉菌的生长及繁殖主要由配合饲料中的水分和温度决定，当水分在11.8%时，多数霉菌不会生长。

（四）鼠和虫

仓库害虫对配合饲料的储藏危害也很大，这些害虫不但可以消耗饲料，同时也会释放热量，提高饲料温度。而且鼠和虫的尸体和粪便等污染物也可以污染饲料，使饲料的营养价值及外观品质受到影响。

二、配合饲料储存和保管的方法

（一）构建良好的仓库设施

储藏配合饲料的仓库应具备不漏雨、不潮湿、门窗齐全、防晒放热、通风良好、防虫防鼠等条件。必要时可以加装外置的通风设备、温度控制设备。仓库周边阴沟应通畅，墙壁底部应有防水层以防潮、防渗漏。仓库的顶棚应加装隔热层，墙壁以白色最好。仓库周边应种植树木，减少阳光直射。

（二）采用最佳的储藏方法

配合饲料产品的包装应采用复合袋，良好的气密性可以保证配合饲料防潮、防虫，避免营养成分变质或损失。饲料在入袋包装前应充分干燥、冷却，以避免封包后返潮。袋装饲料可以码垛堆放，垛底部可以铺放防潮垫。

（三）合理安排存放时间

仓库配合饲料存放时应按照日期堆放于不同地点，记录品种、规格、数量及生产日期。按照先进先出的原则，合理安排饲料进出仓库的时间，从而缩短饲料在仓库的存放时间。一般情况下，配合饲料的储存时间不应超过2个月。

（四）保持良好的卫生条件

仓库必须每周打扫，定期消毒，储存饲料应码放整齐，如果发现有漏袋、霉变等情况，应及时处理。

（五）加强日常管理

饲料入库前应严格检查，不合格产品严禁入库，平时需要注意仓库的通风及温、湿度的控制，对虫和鼠害应及时发现并处理。

（六）加强人员培训

对仓库保管员和操作工人应定期进行专业技术培训，提高工作人员的责任意识，建立并完善相关的管理及操作技术规程。

第八章 黑斑蛙的饲养管理

第一节 种苗投放及准备

普遍流行的黑斑蛙养殖是采用土池饲养，少部分养殖户也在尝试水泥池或覆膜池饲养。本节重点介绍黑斑蛙土池的饲养管理。

新建的养殖池内的土壤可能含有过多的重金属盐和大量的农药化肥残留，其可能影响蝌蚪的正常生长，因此，养殖户应该在蝌蚪放苗前半个月注水浸泡 7 天左右，再放干水，然后重新注入新水，才可放养蝌蚪；如果是旧养殖池，养殖户可以在秋季蛙出售完毕后，将蛙池中的水排干和进行水沟区的淤泥清理，利用冬季干燥和寒冷的气候杀死部分细菌和部分有害生物，在放苗前 10 ～ 15 天注入新水，使用清塘药物进行清塘处理，然后再将水排掉，注入新水后放苗。

一、清塘

常用的清塘药物有生石灰和漂白粉。使用方法是在蛙池中注入水，水深淹没食台区 5 cm 左右，将生石灰或漂白粉用水溶解搅拌成匀浆后，均匀地泼洒在蛙池中。泼洒后水体的 pH 会迅速升高到 11 以上，杀死有害生物，改良土壤。生石灰的用量为 80 kg/ 亩，漂白粉的用量为 20 kg / 亩，如果是旧养殖池和上年发生过重大疾病的养殖池，可适当加大用量和增加清塘次数，如第一次清塘后重复 2 次清塘。养殖户需要注意，用生石灰清塘的蛙池必须在 10 天后才能放苗饲养；而用漂白粉清塘的蛙池在 5 天后即可放苗饲养。如果采用蛙池直接孵苗的养殖户，也可以在放卵前采用此类方法清塘。

二、肥水

由于蝌蚪在养殖前期可以通过捕食水体中的藻类、枝角类、桡足类等浮游生物为食，养殖户需要在放苗前 7 天左右在养殖池中投入少量的有机肥，其用量为 0.5 kg/m²；此外，可以根据水产养殖常用的肥水药剂直接肥水。由于蝌蚪的饲养需要，日投喂饵料量加大，容易引起水质过肥，极易导致蝌蚪患病。因此，建议在蝌蚪的整个饲养期间采用水循环养殖，减少肥水对蝌蚪的致病影响。

三、蝌蚪投放密度

由于刚孵化的蝌蚪体质太过脆弱，对外界环境的适应能力弱，此时分池饲养极易对蝌蚪造成损伤。一般情况下，蝌蚪头部有绿豆大小且体长在 1 cm 左右时才可以开始分池饲养，最好选择晴天且气温为 23℃ 以上的天气，把种苗投放在不同的蝌蚪养殖池。新入行的养殖户投放种苗的密度建议不超过 7 万尾 / 亩；经验丰富的养殖户可根据自身情况适当增大投放密度，但最好不超过 12 万尾 / 亩，投放密度越大，发病风险越大。对于直接用蛙池孵化饲养的养殖户，建议投放卵块为 40 ~ 65 团 / 亩。

第二节　蝌蚪期饲养和管理

蝌蚪饲养是指将孵化出膜的蝌蚪培育到蝌蚪变态形成幼蛙的阶段。蛙类蝌蚪期营水生生活，其体型结构、生活习性和环境要求均与成蛙有较大的区别，但饲养管理方法和水生鱼类养殖基本相似。出膜后的蝌蚪在 15 天内体弱幼小，摄食、活动、抗压能力均比较弱。

一、蝌蚪生长发育时间

一般情况下，蝌蚪出膜时间在每年的 3 月末至 4 月初，其生长发育时期在 4 月和 5 月，到 5 月末便陆续变态。在自然温度环境的条件下，黑斑蛙蝌蚪从出膜到开始变态需要 50 天左右，其总长、体长、体重以及尾长变化明显（见表 8-1）。

表 8-1 蝌蚪形态的生长发育

日龄 / 天	描述性统计量（均值 ± 标准误差）			
	总长 /mm	体长 /mm	体重 /g	尾长 /mm
20	19.31 ± 0.14	7.97 ± 0.07	0.10 ± 0.002	11.35 ± 0.08
27	27.36 ± 0.36	10.69 ± 0.18	0.28 ± 0.009	16.66 ± 0.21
34	36.87 ± 0.40	14.54 ± 0.18	0.68 ± 0.021	22.34 ± 0.23
41	41.12 ± 0.37	16.39 ± 0.19	0.84 ± 0.018	24.73 ± 0.21
48	46.01 ± 0.31	18.45 ± 0.12	1.12 ± 0.201	27.56 ± 0.24
55	50.97 ± 0.44	19.50 ± 0.13	1.32 ± 0.024	31.46 ± 0.36

黑斑蛙蝌蚪在生长过程中除了身体大小的发育之外，还伴随着一些身体器官的变化，经历变态发育成为能适应水陆两栖的生活形态。刚孵化的蝌蚪在外形上形似海马状，整体呈现扁平状，头部的腹面有一对马蹄形的吸盘，口位于吸盘的上方，头部的两侧各有三对羽状外鳃，身体腹部有长的、椭圆形的卵黄。在此阶段的蝌蚪游动能力弱，蝌蚪不采食，靠吸收卵黄内的营养维持生理机能。在 3～4 天后，卵黄逐渐被吸收完，蝌蚪肠道以及肛门发育完全，可以捕食一些微小的浮游生物，如绿藻、硅藻等藻类。当蝌蚪生长到 1.5 cm 左右时，就可以捕食较大的轮虫等生物；当生长到 4 cm 左右时，可以捕食与其大小相近的枝角类和桡足类浮游生物。在饲养 40 天后，蝌蚪总长便能达到 4cm 左右，此时头腹部呈花生粒般大小，尾基部两侧出现白色的凸起，在 55 天左右就能发育成完整的后肢。此时蝌蚪的觅食器官和消化器官也在逐渐发生变化，上下颌骨的增长使口显著

增大，消化道缩短，鳃呼吸逐渐转变为肺呼吸，在口下部皮肤内能明显见到前肢轮廓，开始适应由水生到水陆两栖的生活。而在此变态过程中，蝌蚪的捕食和消化系统既不能适应水中的觅食也不能适应陆地捕食昆虫的生活，主要靠吸收尾部作为营养的来源。在 50 日龄时蝌蚪的前肢能挣开皮肤束缚，伸出体外，此时蝌蚪已经发育成幼蛙；其鳃完全退化转化为肺呼吸，鼓膜形成，舌发育完全，逐渐能适应陆生生活。偶有气候异常的年月，温度较低时可能延迟到 70 天左右发育成幼蛙。

二、转池和放苗

（一）试水

蝌蚪放入新池前，首先要试水，其目的是判断蝌蚪池是否存留毒素，从而影响蝌蚪的正常发育。常见的试水方法：在池内固定放置一个小型网箱，并在网箱内投放少量鲜活的小鱼虾，2 天后提起网箱，根据鱼虾存亡情况来判断池水的毒性，确认能否放养种苗。如果鱼虾存活健康，则安心放苗；如果鱼虾死亡或不健康，蝌蚪池还需换水直到鱼虾正常生活（见图 8-1）。

图 8-1　试水时制作的小网箱

（二）转池

当蝌蚪池完成消毒注水，蝌蚪生长到 15 天左右，养殖人员将孵化池的蝌蚪转移到蝌蚪池或蛙池，开始正式饲养和管理蝌蚪。转池时，首先要对蝌蚪进行捕捞，由于孵化池蝌蚪数量较多，捕捞开始时可采用网捞的方法将蝌蚪放入已准备好的有水的桶或者盆中，然后转到蝌蚪池中，手抄网和捕鱼网均可用于网捞。随着孵化池内蝌蚪数量减少，网捞效率开始降低，此时打开孵化池的出水口，并用接网接住放出来的蝌蚪，最后将池内剩余的蝌蚪打捞完。打捞蝌蚪时要小心操作，避免蝌蚪受伤。

（三）放苗

将蝌蚪放入蝌蚪池时要缓慢仔细，首先将装有蝌蚪的桶或者盆子轻放入水中，慢慢倾斜盆身，使盆口缓慢浸入水中，随后慢慢将蝌蚪倒入蝌蚪池，其目的是让蝌蚪有逐渐适应新环境的反应时间，从而避免环境的骤变引起蝌蚪的应激反应。

放苗时应关注蝌蚪投放密度，如果投放密度过高，食物需求增加，水质就容易受到污染；同时高密度会导致需氧量增加，容易引起水体缺氧，从而会影响整池蝌蚪的生长发育。如果投放密度太低，则经济效益会降低。正常情况投放密度应控制在每立方米水体放养 300 ～ 800 尾，尾数随蝌蚪体型增大而逐步减少，直到变态期（全长 50mm 左右）控制在 300 尾 / 平方米以内。

三、蝌蚪的饲养

野外蝌蚪饵料主要来源于水体中自然生长藻类、枝角类等天然饵料，然而人工养殖的密度高，天然饵料明显达不到蝌蚪正常生长所需的食物需求，因此需要人为投喂蛙类专用养殖饲料进行喂养。在养殖过程中，要定期解剖蝌蚪内脏器官来观察蝌蚪的生长情况（见图 8-2）。

图 8-2　解剖观察 25 日龄的蝌蚪内脏

在蝌蚪 35 日龄以前，蝌蚪口裂较小，此阶段主要使用粉料投喂蝌蚪，日投喂量占蝌蚪总重量的 3% ～ 5%。投喂粉料有两种方式，一是将粉料兑水直接均匀地泼洒在养殖池内，蝌蚪聚集的地方可适当多泼洒；二是将粉料加水搅拌，水量加至成可轻易揉捏成团，且容易搓散为粉状。投喂粉料时，将粉料均匀地沿蛙池边缘撒成一个圆圈，供蝌蚪采食（见图 8-3）；这种投喂方式方便观察蝌蚪的采食情况，不仅可以减少投喂饲料的量与饵料的浪费，而且有利于保持水体洁净。随着蝌蚪的生长发育，需求的营养增加，饲料颗粒直径增加，在 35 天左右开始投喂 1 号饲料，换料时减少投喂量，待蝌蚪适应颗粒饲料后再逐渐增加饲料量，每次投喂量以蝌蚪半小时左右能采食完为宜。每日投喂饲料次数：蝌蚪 15 日龄以前（不含 15日龄）投喂 4 次，15 至 45 日龄投喂 3 次，45 日龄以后（不含 45 日龄）投喂 2 次，其目的是使养殖的蝌蚪个体大小均匀，蝌蚪变态上岸的时间一致，有利于幼蛙的养殖和管理。

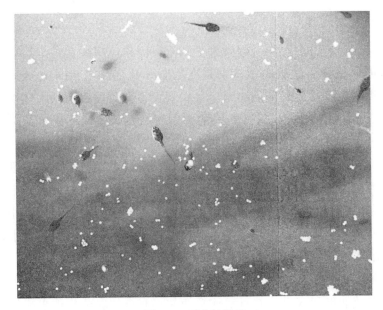

图 8-3 采食的蝌蚪

四、蝌蚪饲养期间的管理

（一）水温控制

黑斑蛙蝌蚪饲养主要集中在每年 3 月中下旬至 6 月中下旬，由于不同地区的气候差异性，饲养蝌蚪的前半阶段要注意 3 月下旬和 4 月上旬的气温是否急剧下降，此阶段要防止因温度急速降低引起的黑斑蛙蝌蚪大量死亡。黑斑蛙蝌蚪生长的最适温度为 27℃左右，温度低于 15℃，黑斑蛙蝌蚪活动和摄食量减少，温度低于 10℃时几乎不摄食。

黑斑蛙蝌蚪变态期主要在 5 月底至 6 月中下旬，此时日最高气温可达 35℃以上，应防止蝌蚪池内水温过高，造成蝌蚪极度衰弱和影响生长，严重将导致蝌蚪死亡。因此，养殖池内应灌浅水，以便能迅速降温，从而有利于蝌蚪生长，遇急剧降温天气可考虑搭建大棚增温。养殖后期养殖池应加深池水，或搭遮阳网、栽种水稻、空心菜、水葫芦等植物遮阴，必要时加大进水量，通过水流达到降温的目的。

（二）水质调节

水质是影响黑斑蛙能否健康生长的重要因素。蝌蚪在长出后肢以前对于水体的含氧量需求较高，特别是在后肢开始生长初期，30 日龄左右蝌蚪的肺逐渐发育。此时期的蝌蚪容易缺氧，在此阶段以前的水体溶氧量应保证在 3 mg/L 以上；此后，蝌蚪的肺发育完全，就可浮出水面吸取空气中的氧气，此时水体中的溶氧量保持在 2 mg/L 以上即可。

水质的调节主要是靠加水和调换新水，也可定期向水体中泼洒光和细菌、乳酸菌、酵母菌、枯草芽孢杆菌等有益菌，能有效分解水体中残余的有机物和蝌蚪粪便，保持水体的清爽，此外有益菌群密度增大，相应有害菌群密度降低，能减少发病风险。一般每 7 天左右要将之前的老水排掉后再注入新水，每次调换新水的深度为 15 cm 左右，注水时间在上午 7 时～8 时或下午 4 时～5 时。注入的新水要注意提前消毒、解毒，过滤掉有害生物的卵以及幼虫和成虫；并且要注意切勿将有毒的农药化肥水或污水、温度低且溶氧低的深井水直接注入蛙池。如果是采用微流水的养殖户，可以根据蛙池内水体情况调整注水间隔。在养殖过程中需要注意在水体的能见度大于 30 cm 以上时可酌情施加有机肥或补充商业肥水产品；在能见度小于 20 cm 时要注意经常注入新水，补充有益菌（见图 8-4）。水体过于清瘦更容易爆发虫害。

图 8-4　扩培好的益生菌

（三）蝌蚪变态期的管理

黑斑蛙蝌蚪在后腿发育完全后，10天左右就会长出前肢（见图8-5），随后尾部因逐渐被吸收而萎缩，呼吸作用也完全由鳃呼吸转变为肺呼吸，不能长期潜在水中，因此要注意保持环境的安静，有供上岸的幼蛙栖息的地方，使其能顺利完成变态。蝌蚪在开始长后腿时，由于刚长出的组织脆弱，易受伤感染，因此需要保持水体的洁净清爽，可以定期泼洒有益菌，其间切忌使用刺激性强的消毒剂、改底剂。为了利于蝌蚪变态上岸，增强四肢肌肉力量，在蝌蚪开始出现前肢时，可将蛙池内的水面降低至食台区，即降至变态的蝌蚪以下，留充足空间供给上岸的幼蛙休息。

图8-5 左：变态期蝌蚪；右：变态上岸幼蛙

第三节　幼蛙的饲养管理

一、食台选择

当蛙池内的蝌蚪有70%左右变态时，就可以铺设食台，以供后期饲养使用。黑斑蛙养殖采用的食台主要有两种，一是用木头和食台网做成的饲料盘，采用饲料食盘作为食台能避免饲料浪费，未采食完的饲料也便于清扫，但缺点是驯食较慢，不便于清洗，成本高，木材易腐朽破损，使用年限短。二是采用整体食台，材料可以选用食台布、防草布、反光膜，如果仅使用食台布，养殖后期食台下会长出杂草，使铺设的食台布变形，从而影响蛙的采食。防草布和反光膜能有效防止食台区杂草的生长，然而，由于防草布吸热较快和温度相对高，幼蛙在前期驯食时不愿意上食台采食，对驯食有一定的影响。整体食台的好处是驯食速度快，便于清洗，但是饲料的滚动将造成部分饲料的浪费。

二、铺设食台

相对于食盘，整体食台更有利于蝌蚪变态和幼蛙成长。当蛙池内蝌蚪有 70% 左右的幼蛙上岸时，就开始铺设食台，整体食台的铺设步骤如下：首先根据蛙池食台长度，测量所需要的防草布长度并裁剪，在防草布两端绑好固定的木棒；然后将防草布两端固定在食台区的两端，并将防草布的四周压入泥土中，其目的是防止幼蛙上岸后钻到防草布下面导致死亡。铺设时应注意防草布两端与围网之间不留空隙，距栖息区留 30 cm 的泥土作为幼蛙的缓冲区，以便幼蛙适应防草布（见图 8-6）。

图 8-6　左：铺设食台；右：防草布与食台网结合铺设

三、驯食

铺设食台后，夜间巡塘能观察变态的幼蛙情况，当绝大多数个体上食台时，工作人员可以开始驯食。驯食主要是为了驯化幼蛙对于饲料气味的敏感，以及每日采食饲料时间的记忆。驯食的天气为连续一周以上的阴天或晴天，在驯食前应该将食台打扫干净，然后进行消毒，由于饲料遇水容易软化，所以不可在雨天驯食。驯食时用手轻捏人工预混 1 号蛙饲料 10 粒，稍用力砸向幼蛙的食台，饲料接触防草布后弹跳起来，幼蛙见到弹跳的饲料以为是飞虫等活饵，则会迅速捕食。驯食时可在饲料中加入乳酸菌和维生素，改善幼蛙脆弱的肠道，避免幼蛙患上肠炎；驯食期间也可用抗应激药物和维生素兑水喷洒幼蛙体表，促使幼蛙开口。驯食期间应每日定时驯化，早晚各一次，每次驯食结束后可在食台上每间隔 0.5 m 放少量饲料，其目的是利用幼蛙跳跃时产生的振动而使饲料抖动，以诱惑其他幼蛙采食。连续驯化 3 ～ 5 天，绝大多数幼蛙将主动采食静态饲料，此时可直接定点投喂，结束驯食工作（见图 8-7）。

图 8-7 左：带遮雨棚的食台；右：驯化的幼蛙

四、幼蛙饲养

幼蛙驯食结束，需要注意的是幼蛙上岸后，其生活习性由水栖变为两栖，身体结构发生巨大变化，体质和器官脆弱；如果幼蛙长时间待在比较脏的环境中，会刺激蛙的皮肤而极易引发皮下感染，因此，在此期间工作人员应该利用戊二醛等药品勤消毒并勤换水。由于幼蛙的肠道菌群结构发生改变，其肠道消化能力弱，如果大量投食人工配合饲料，容易导致幼蛙肠道堵塞并引发肠炎；因为人工配合饲料坚硬、干燥、淀粉含量高，所以极容易刺激幼蛙肠道而引发肠炎和脱肛等疾病。因此，建议养殖户使用发酵饲料投喂，少食多餐，每次投喂量不超过蛙体重的百分之一，日总投喂量不超过百分之三。同时，为了改善幼蛙肠道健康，重建肠道菌群，增强肠道消化吸收能力以及增强幼蛙体质，投喂饲料中应加入益生菌和保肝护肠的中草药。此外，根据饲养的实际情况，每天或者每隔三天解剖一次幼蛙，观察幼蛙内脏是否健康，根据解剖结果及时采取预防措施。

五、幼蛙中期饲养

当幼蛙上岸 15 天后，能长到 10 g 左右，蛙的采食量逐渐增大，进入幼蛙快速生长阶段，为满足蛙的生长需要，可以适当补充钙元素和维生素。同时蛙的消化吸收系统相对强健，为了降低养殖成本，减少人工投入，可以直接使用蛙类配合饲料投喂，并用 1.5 号饲料投喂，投喂次数可逐渐减少到早晚两次，每三天可在饲料中添加补充钙质、维生素等保健药物投喂，其目的是保证幼蛙生长所需的钙和维生素，从而增强幼蛙免疫力。

六、幼蛙后期饲养

幼蛙生长到 25 天，个体普遍在 20～30 g，蛙的骨骼强健，弹跳力强，如果继续使用 1.5 号料投喂，则不能满足蛙的生长需求，并且蛙需要采食多次才能摄取到足够身体需求的饲料，不利于蛙的生长，为了保证蛙有充足的营养供给，可以改用 2 号饲料投喂。由于蛙取食时间和日均采食量的差异性，幼蛙开始出现个体大小差异，因此，投喂 2 号饲料的前 7 天可以在饲料中混合部分 1.5 号饲料投喂，保证幼蛙能取食大小适宜的饲料。2 号饲料比 1.5 号饲料的直径大，投喂 2 号饲料的前 5 天可投喂发酵的 2 号饲料，使蛙的肠道逐渐适应 2 号饲料并保护蛙的肠道，从而避免肠道疾病和消化不良引起的蛙食欲不振和生长速度缓慢。在蛙 30～35 日龄时（见图 8-8），由于蛙的采食量逐渐增大，产生的排泄物也随之增多，因此，需要在水体中培养可代谢有机物的有益菌和藻类来降低水污染；同时在休息区栽种遮阴的作物或直接使用遮阳网遮阴，并在休息区每隔 3 ～ 5 天喷施益生菌，分解蛙的排泄物，抑制有害微生物的生长，给蛙营造一个干净、阴凉、舒适的生长环境。

图 8-8　左：30 日龄的黑斑蛙；右：35 日龄的黑斑蛙

第四节　成蛙饲养

一、内服驱虫药

幼蛙 40 日龄时体重到达 20 g 以上，进入成蛙的饲养阶段。由于养殖的黑斑蛙本身是多种寄生虫的中间寄主，即使对养殖场进行全面杀虫，也必须对蛙进行驱虫处理，其目的是确保上市的蛙安全无害，进一步保障消费者的健康安全。通常情况下，使用专业杀灭蛙类寄生虫的药物给蛙拌服投喂，每天一次，连续三天，同时在水体中加入低毒、无害、不残留的杀虫剂用以杀灭环境中的寄生虫，如吡虫啉等药物；目的是防止驱虫后，蛙再次感染。由于驱虫药对蛙的体质将造成一定的伤害，可能导致蛙食欲减弱和体质下降，因此，需及时给蛙补充维生素，增强体质和免疫力，避免因使用驱虫药造成蛙的长势减弱和死亡减产等损失。

二、重建肠道菌群

在饲养成蛙阶段，黑斑蛙的采食量进一步加大，应换 3 号饲料投喂。为加快蛙的生长，吸收足够多的能量和增加饲料的利用率，应该重新构建蛙的肠道菌群，调节肠道菌群生态圈。除在饲料中加入益生菌外，还需要加入扩培好的破壁酵母菌液来增加蛙的肠道中酵母菌的种群数量，使蛙采食的饲料可以在蛙的肠道中被分解，成为蛙肠道所能吸收的单糖、氨基酸等小分子物质。使用益生菌时应注意避免扩培菌液被其他杂菌污染（见图8-9），同时避免过度使用造成肠道中酵母菌种群数量过多而抑制肠道其他菌群的生长，破坏肠道生态系统平衡，引起蛙消化不良、腹泻、肠道堵塞、肠炎等疾病。

图 8-9　EM 益生菌浓缩粉

三、定期拌服保肝和护肠的药物

成蛙饲养阶段采食量大，而饲料的制作配方和工艺会使饲料中含有大量的油脂，这些油脂在蛙肠道中并不容易被消化吸收，从而增加肝脏的负担。此外，由于饲料中添加柠檬黄、叶黄素、苋菜红、日落黄等人工色素，蛙采食饲料摄取后会堆积在肝脏中，不易代谢排出体外，进一步加重肝脏负担；如果不处理好，极易引发蛙的肝脏肿大、腹水、肝坏死等疾病。因此，成蛙养殖阶段应定期加入保肝护肠的药物拌服投喂（见图8-10）。养殖过程中需要养成每间隔三天或每周解剖蛙内脏器官的习惯，辨别蛙内脏器官是否出现病变。具体步骤为：首先观察蛙是否挣扎有力、眼睛是否清亮；其次解剖观察肝脏有没有明显增大、颜色是否为鲜红色、胆汁颜色是否为浅绿色，肠道表面是否光滑，肠道弹性是否良好，肠道内侧是否布有血丝、红肿或出血，肠道内是否有黏液，黏液上是否有血丝，肾脏有无萎缩或有无肿大，肾脏颜色是否为暗红色；最后观察脊椎两侧是否有明显的白色包块。根据不同的症状，使用不同的药物拌料投喂来调整饲养方式，做到早预防、早发现、早治疗，将发病风险降到最低。

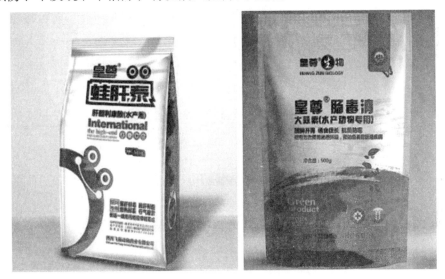

图 8-10　黑斑蛙保肝护肠药物（蛙肝泰和肠毒清）

四、投喂活体饵料

投喂活体饵料能增强蛙的体质，增加风味氨基酸的含量，极大提高蛙肉的品质和口感，使之能与野生蛙肉相媲美。然而，投喂活体饵料会增加更多的养殖成本，因此，养殖户可根据客户群体需求来选择饲料的投喂种类。一般情况下，在上市前两周开始选择蝇蛆、黄粉虫、黑水虻等活体饵料和饲料掺和来投喂，其可提高蛙的体态，使蛙肉的品质更高。

第九章 商品蛙的处理

黑斑蛙的每个发育生长阶段都可以出售，具有很高的弹性空间。蛙卵、蝌蚪和幼蛙的销售对象主要为新养殖户，因为他们没有种蛙，所以可以直接购买卵团、蝌蚪或者幼蛙进行养殖，当养殖为成蛙时便可销售给农贸市场、餐厅、蛙产品加工公司，黑斑蛙达到 40 g 以上便可销售。正常情况下，每年 3 月的受精卵经分裂，生长发育到当年的 8 月中旬便可长成商品蛙。在出售商品蛙之前，还须经过捕捞、运输等步骤。

第一节 蛙的捕捞

蛙的捕捞分为卵的捞取、蝌蚪的捕捞和成蛙的捕捉。卵的捞取已经介绍过，本节不再讲述。蝌蚪捕捞可利用渔网在蝌蚪池中捞取，较为简单。本节重点介绍成蛙的三种常用的捕捉方法，养殖户可根据实际情况，选择相对较方便、有效的捕捉方法。

一、徒手捕捉

本方法适用于夜晚捕捉，因为黑斑蛙白天容易跳跃，不容易捕捉。夜晚捕捉方法：首先在白天排干蛙池的水；其次在夜晚利用强光手电筒照射蛙的眼部，使其暂时失明，失明后黑斑蛙很难察觉靠近的人，此时用手便可成功抓住黑斑蛙。该方法简单，成功率高，但只适合少量捕捉。如果要对蛙池成百上千甚至上万只黑斑蛙进行大量捕捞，该方法极为浪费时间且效率极低。

二、渔网捕捞

与徒手捕捉方法相反，用渔网捕捞时首先向蛙池中注水至食台区完全淹没，黑斑蛙缺少栖息地而浮在水面；其次利用渔网直接捕捞水面上的黑斑蛙，待蛙池的黑斑蛙数量变少时，可放水徒手捕捉剩余的蛙。该方法可提高捕捞效率，节省人力成本。

三、虾笼捕捞

虽然渔网捕捞较大地提高了效率，但是捕捞期间人仍需要持续作业。与渔网捕捞相比，虾笼捕捞或许是更好的选择（见图 9-1）。虾笼捕捞与渔网捕捞相似：首先绕蛙池一周放置捕虾网笼；其次向蛙池中注水，注入蛙池的水要高于捕虾笼的进口，但不能淹没整个网笼高度，黑斑蛙寻找栖息地时将钻入网笼且不会被淹死；最后根据笼中的黑斑蛙的数量确定收网时间。本过程重复至池内蛙较少时便可使用渔网捕捞或者放水徒手捕捞，该方法能在多个蛙池内进行，效率高，节省成本。

图 9-1　铺设虾笼捕捞蛙

第二节　繁殖阶段个体运输

一、卵团运输

部分养殖户会购买黑斑蛙卵团进行养殖，因此需要考虑卵团的运输方式。黑斑蛙卵团运输的放置工具主要为聚乙烯袋，先加工成长方形袋，上方留一漏斗状开口，其余部分密封，袋长 50 cm，宽 20 cm。待种蛙产卵后，首先注入 1/3 的清水于聚乙烯袋中，使用细密网具将买好的卵团捞出，并沿漏斗口缓慢将卵倒入袋内；然后将袋内充满空气，使其膨胀后立即扎紧袋口，防止空气泄漏，最后使用交通工具远距离运输。聚乙烯袋容易磨损，运输前需要将袋固定在纸箱或者泡沫箱中，当到达目的地后，打开聚乙烯袋，将卵团缓慢倒进处理好的孵化池。

二、蝌蚪运输

部分养殖户直接引进蝌蚪进行养殖，蝌蚪运输方式和卵团运输相似，即用聚乙烯袋装，也可以用硬塑料桶运输，桶的规格可按实际需求使用。具体步骤：首先在桶的上方开口，注入 1/3 体积的水后装入蝌蚪；其次在装好蝌蚪的开口处使用尼龙网布或纱布扎好，防止运输过程中蝌蚪从开口溢出；最后将蝌蚪运输至目的地。需要注意的是将蝌蚪放入新蝌蚪池时要缓慢倒入水中，让蝌蚪充分适应新环境。

三、商品蛙运输

养殖户养殖黑斑蛙的目的就是将成蛙变成商品进而高价销售，这个过程离不开商品蛙的运输（见图9-2）。运输和售卖商品蛙的前一天，应停止对蛙喂食，以避免运输时产生的粪便污染环境。装商品蛙应使用尼龙网蛙袋，每袋不超过 7.5kg 商品蛙，装好后扎紧袋口，目的是避免蛙袋中蛙因数量过多而踩踏致死。装填蛙袋时要使用漏水的塑料筐将蛙袋隔离开，运输前需对蛙袋浇水保持蛙体湿润，然后装上货车运输。如果天气温度高或者运输距离远，需要中途为蛙浇水，或者在蛙袋中放入几瓶事先冻成冰的水，可起到降温的作用；在条件允许情况下，建议运输过程中进行低温运输，以降低因蛙的活动而带来的损失。

图 9-2　塑料筐和蛙袋

第三节　商品蛙销售和加工

黑斑蛙销售点主要包括农贸市场、餐厅餐馆、蛙制品加工公司以及其他养殖户。养殖户也可以通过寻找代销商，将产品交给代销商进行二次销售。

黑斑蛙除身体可以用于制作美食外，其内脏器官还可以加工成其他用品，包括保健品青蛙油、风味小吃、饲料等。

一、青蛙油

青蛙油含有丰富的蛋白质、氨基酸、微量元素、维生素和矿物质，有助于机体生长发育、延缓衰老。青蛙油经充分溶胀后释放的胶原蛋白、氨基酸和核醇可促进人体皮肤组织的新陈代谢，保持肌肤光洁、细腻，保持机体年轻、健康。丰富的胶原蛋白极易被皮肤吸收，具有防止手足干裂、保湿、晒后修复、除皱、止痒、淡化色斑等功效。雌性黑斑蛙输卵管通过工艺制成的青蛙油，是功效多样的商业保健产品。

二、风干腊蛙

将新鲜蛙肉经腌制后风干，可长时间存储。

三、蛙肉风味小吃

将新鲜蛙肉制成熟食后，做成各种口味小吃，进行密封包装后携带方便，开袋即食，蛙类小吃正逐步席卷消费市场。

四、饲料

食用蛙被抛弃的内脏可以加工成饲料，用于饲喂鱼虾。

五、蛙皮制品

蛙皮可以制作成各式各样的小型皮包或皮制品。

第十章　黑斑蛙养殖的病害基础知识

第一节　疾病发生的原因

黑斑蛙产业存在环保压力、养殖技术、病害频发、产与销发展速度失衡等问题，其严重威胁到产业的健康发展，疾病防控是目前最需要解决的科学问题。

一、病原的侵害

病原微生物是水产养殖动物发生疾病的主要原因，大多数蛙的疾病主要是由病毒、细菌、真菌等病原体引起，其对蛙的养殖危害极大。蛙类也是寄生蛭、纤毛虫、顶复孢子虫及肉鞭虫、绦虫、吸虫、棘头虫等寄生虫的宿主。黑斑蛙养殖的病害主要可分为病毒性疾病、细菌性疾病、真菌性疾病以及寄生虫疾病等四大类（卿芯妤等，2020）。

二、非正常环境因素

人工养殖环境中的温度、湿度、光照、溶氧量、pH、污染物等因素的变动，超越了蛙类所能忍受的临界限度的，蛙类将致病而死。

三、营养不良

营养不良包括营养不足和营养过剩，而我们常说的营养不良是指营养不足。营养不良是指饲料的量或饲料中的蛋白质、能量及其他营养素长期摄入不足、吸收不良或消耗增加而导致的黑斑蛙生长发育和功能障碍。营养不良主要表现为体重减轻、身体瘦弱、生长迟缓，同时还可伴有全身各系统的功能紊乱及免疫力下降，严重时还会出现死亡。营养成分中最容易缺乏的是维生素、氨基酸和矿物质等微量元素。

四、先天缺陷或遗传因素

由于受环境和遗传因素的影响，部分黑斑蛙个体发生了畸变，如肢体超长再生和畸变（林植华等，2002），具有四条后肢或四条前肢的塘蛙等。

五、机械损伤

机械损伤是指在运输、捕捞和饲养的管理过程中不小心造成黑斑蛙身体受到摩擦或碰撞，受伤组织被病原菌感染或组织破损造成机能丧失，从而引起的各种生理障碍和个体死亡。

第二节 病原、宿主与环境的关系

疾病的发生是外界条件和内在的机体自身抵抗力相互作用的结果，只有养殖对象对病原的敏感性以及病原体在宿主身上达到一定数量，黑斑蛙才会致病。疾病的发生过程存在潜伏期，养殖环境、生物种类、种群密度、饵料、光照、水流、水温、盐度、溶氧量等与病原体的生长繁殖和传播有密切关系，也影响宿主的生理状况和抗病力。只有综合加以分析才能找到疾病发生的原因，从而采取相应的治疗措施。

黑斑蛙的疾病多种多样，病因错综复杂，从蝌蚪到成蛙均有发病的可能。由病原生物引起的疾病是病原、宿主和环境三者相互影响的结果。

一、病原

动物疾病的病原生物种类繁多，不同种类的病原对宿主的致毒性或致病力各不相同，同一种病原在不同时期对宿主的致毒性也不完全相同。

潜伏期是指相似病原侵入宿主体内初期阶段未出现发病症状。了解疾病的潜伏期可以提前预防疾病并制定相应的应对措施。每种疾病都有一定的潜伏期，潜伏期的长短会随宿主本身条件和环境因素的影响而改变，因此，养殖过程要时常观察动物是否出现异样现象。

寄生类病原生物通常寄生在宿主的相应部位或是只寄生在宿主某个特定生活史阶段。寄生类病原生物有的寄生在消化管或内脏上，有的寄生在皮肤上等，根据寄生的部位可分为外寄生和内寄生两类。

病原对宿主的危害主要表现为夺取宿主营养、对宿主机体的机械损伤、在宿主体内分泌有害物质、破坏宿主的免疫系统等方面（见图10-1）。

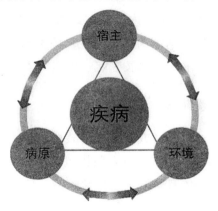

图 10-1　三者间的关系

二、宿主

宿主为黑斑蛙时，其对病原的敏感性与其本身的遗传性质、免疫力、生理状况、年龄、发育阶段、营养条件、生活环境等密切相关。

三、环境

黑斑蛙作为水陆两栖动物，对环境变化敏感，病原大多是来源于水中微生物的感染。对于水域中的生物种类、种群密度、饲料、光照、水流、温度、酸碱度及其他水质情况都与病原的滋生、繁殖、传播密切相关。喂食台上未食用完的饲料腐坏、饲料的更换、蛇鼠的侵扰等都会导致黑斑蛙生理和抗病能力的降低，从而导致患病。

第三节 蛙药分类及其使用特点

一、蛙药分类

（一）抗微生物类药物

本类药物主要是通过浸浴、内服等方式杀灭或抑制体内微生物的繁殖、生长。抗微生物类药物包括细菌类药物、真菌类药物、抗病毒类药物等，具体有诺氟沙星（氟哌酸）、磺胺嘧啶、甲砜霉素、土霉素、金霉素等。

（二）杀虫驱虫类药物

该类药物主要是通过药浴或内服等方式驱除体表或体内寄生虫，杀灭水中的有害无脊椎动物。杀虫驱虫类药物包括抗蠕虫药物、抗虫原药物和抗甲壳动物药物等，具体有硫酸铜、食盐溶液、硫酸亚铁等。

（三）消毒类药物

消毒类药物的主要目的是杀灭水体中的微生物。此类药物包括氧化剂、有机碘剂等，具体有漂白粉、三氯异氰尿酸粉、二氧化氯、聚维酮碘。

（四）调节水生生物动物代谢及生长类药物

该类药物主要是为了加快机体代谢、增强机体体质、病后恢复以及促进生长，通常以饵料添加剂方式使用，具体可用维生素、益生菌、钙等。

（五）生物制品类药物

该类药物主要是通过物理、化学手段或生物技术等制成微生物及其相应产品，其目的主要是使蛙产生特异性的作用，增强机体的抗病能力。具体生物制品药物有脑膜炎败血伊丽莎白菌疫苗等。

（六）中药调理

该类药物主要是在饲料中拌入，是具有保健作用的中药。主要防治水生动植物疾病，中药调理包括清热散、肠炎平、安神散等药物，具体中药成分有栀子、大黄、黄芪、黄连、黄芩。

（七）其他类药物

其他类药具体包括抗氧化剂、麻醉剂、防霉剂、增效剂等药物。

二、蛙药使用特点

在蛙病预防和治疗中，严禁使用违禁药品，提倡使用水产专用蛙药、生物源蛙药和蛙用生物制品；尽早发现病情，做到科学诊断、合理用药、对症下药，防止滥用药和盲目用药；严格执行休药期制度，保证产品质量安全。因此在蛙药使用过程中应遵从以下原则：

1. 病害发生时应对症用药，防止滥用蛙药与盲目增大用药量或增加用药次数、延长用药时间。

2. 食用水生动物上市前，应有相应的休药期。休药期的长短，应确保上市水产品的药物残留限量符合《无公害食品 水产品中渔药残留限量》要求。

3. 水产饲料中药物的添加应符合《无公害食品 渔用配合饲料安全限量》要求，不得选用国家规定禁止使用的药物或添加剂，也不得在饲料中长期添加抗菌药物。

4. 药物的使用应以不危害人类健康和不破坏水域生态环境为基本原则。

5. 水生动植物在养殖过程中对病虫害的防治，坚持"以防为主，防治结合"。

6. 药物的使用应严格遵循国家和有关部门的相关规定，严禁生产、销售和使用未经取得生产许可证、批准文号及没有生产执行标准的蛙药。

7. 积极鼓励研制、生产和使用"三效"（高效、速效、长效）、"三小"（毒性小、副作用小、用量小）的蛙药，提倡使用水产专用蛙药、生物源蛙药和蛙用生物制品。

8．水产动植物受水温的直接影响，因而用药需要根据水温的变化在药物剂量、休药期等方面做出适当的调整。例如，蛙病防治中用高锰酸钾盐水溶液浸洗时，虽然较高浓度药物浸洗蛙体可在短时间内治疗蛙病，但是浸洗时间、药物用量要适当，同时也要视水温高低及蛙的体质而灵活掌握。水温高，用药量要少些，浸洗时间宜短；水温低则相反。

三、禁用蛙药

严禁使用高毒、高残留或具有"三致毒性"（致癌、致畸形、致突变）的蛙药。严禁使用对水域环境有严重破坏而又难以修复的蛙药，严禁直接向养殖水域泼洒抗菌素，严禁将新近开发的人用新药作为渔药的主要或次要成分。常见的禁用蛙药，见表 10-1。

表 10-1　常见的禁用蛙药

药物名称	别名
地虫硫磷	大风雷
六六六 BHC（HCH）	
林丹	丙体六六六
毒杀芬	氯化莰烯
滴滴涕	DDT
硝酸亚汞	
醋酸汞	
呋喃丹	克百威、大扶农
杀虫脒	克死螨
双甲脒	二甲苯胺脒
氟氯氰菊酯	百树菊酯、百树得

药物名称	别名
氟氯戊菊酯	保好江乌 氟氰菊酯
五氯酚钠	
孔雀石绿	碱性绿、盐基块绿、孔雀绿
锥虫胂胺	
酒石酸锑钾	
磺胺噻唑	消治龙
呋喃西林	呋喃新
呋喃唑酮	痢特灵
呋喃那斯	P-7138（实验名）
氯霉素	（包括其盐、酯及制剂）
红霉素	
杆菌肽锌	枯草菌肽
泰乐菌素	
环丙沙星	环丙氟哌酸
阿伏帕星	阿伏霉素
喹乙醇	喹酰胺醇羟乙喹氧
速达肥	苯硫哒唑氨甲基甲酯
甲基睾丸酮	甲睾酮

第四节　蛙药的基本作用及影响蛙药药效的因素

一、蛙药的基本作用

蛙药的基本作用是预防、控制和治疗水产动植物的病、虫、害问题，促进蛙类健康生长,增强机体抗病能力以及改善养殖水体一切物质的质量。

二、影响蛙药药效的因素

(一)轻症下重药

蛙类养殖过程会出现蝌蚪变态这一阶段,且该阶段会不可避免地出现一定的自然死亡。一旦出现这种情况,一些养殖户就开始用药,而且普遍使用霉素类、沙星类药物,这些药物长期使用会对蛙类的抗病能力和免疫能力造成巨大的伤害,且还有伴有严重的副作用。

像青霉素、阿莫西林、环丙沙星、恩诺沙星等药物每次使用不能超过5天,不能随意增加用量,更不能交替使用。

(二)多种药物并用

药物之间不但有相互冲突及毒性并发的问题,而且可能相互削弱药效或增加毒性。在养殖过程蛙类发生疾病时,一定要杜绝多种药物并用,只有专业技术人员才能调配。应注意:一是使用治疗剂的同时不能并用保健剂;二是不同机理的中药与西药因作用关系,不能一起使用;三是多种抗生素不能一并使用。

(三)未按标准剂量用药

每种药物在使用过程中都有一定的治疗剂量,许多养殖户以药价高低来判断药物用量,贵药少用一点,便宜药多用一点,最终造成用药量不足而达不到疗效,延误治疗,同时用药过量增加了药物毒性。用药应注意两点:一是含量不同、用量不同,尤其是抗生素类药物,厂家制造时会因实际需求而生产不同含量的产品,所以不同含量有不同的用量;二是采用药品添加法用药,有的药物是按饲料量添加,有的药物是按动物体重使用,养殖户应按说明书上使用方法认真计算药物的用量。

（四）发病乱用药

对于一些经验不足的养殖户来说，一旦黑斑蛙发病，在没有了解其症状的情况下就盲目跟从其他养殖户下药或将以前用过的药擅自提高剂量下药，这样极易造成蛙的药物中毒，并引起蛙大量死亡。此外，许多养殖户误认为用注射剂比口服疗效快，但这时剂量的换算会有相当大的误差，往往不能更好地发挥药效，导致用药无效。

三、药物副作用

每种药物的开发只有在使用过程中才能逐步发现其对动物正常组织的伤害，即药物的副作用。常用药品的副作用见表 10-2。

表 10-2　常见蛙药的副作用

药物名称	副作用	毒性反应
氯霉素	破坏造血功能，形成再生障碍性贫血	全身出血性败血症
红霉素	伤害肝脏代谢功能及影响胃肠蠕动	肝脏肿大，代谢不良症
四环素	与动物体内钙、镁离子结合，影响成长及胃肠蠕动	蝌蚪、幼蛙阶段的胃肠炎
庆大霉素、卡那霉素	伤害听力神经及平稳神经和肾	蝌蚪、幼蛙阶段的胃肠炎
青霉素	产生特异性体质过敏，造成心脏休克及呼吸痉挛	对肝肾伤害极大
环丙沙星、氟哌酸	破坏红血球及血小板而导致体色变淡、免疫丧失	出血症，幼小蛙
磺胺类	形成尿结晶、造成肾功能障碍	腹水症、皮下积水

四、消毒药物的种类及使用注意事项

消毒剂是用来杀灭传播媒介上的病原微生物，使其达到无害化的要求，将病原微生物消灭于体表之外，切断传染病的传播途径，达到控制传染病的目的。

（一）消毒药物的种类

1. 氧化钙（石灰石）

主要用于改善池塘环境，清除敌害生物及预防部分细菌性疾病，一般是 200 mg/L ～ 250 mg/L 全池泼洒。使用该类消毒剂时应注意：不与漂白粉、有机氯、重金属盐、有机络合物混用。

2. 漂白粉

主要用于清塘、改善池塘环境及防治细菌性皮肤病、出血病等。1.0 ～ 1.5 mg/L 进行全池泼洒。使用后需注意休药期在 5 天以上，勿用金属容器盛装；不能与酸、铵盐、生石灰等混用。

3. 二氯异氰尿酸钠

主要用于清塘及防治细菌性皮肤病、溃疡病、出血病等。全池泼洒 0.3 ～ 0.6 mg/L，休药期需要 10 天以上，使用过程中勿用金属容器盛装。

4. 三氯异氰尿酸

三氯异氰尿酸与二氯异氯尿酸钠的作用相似，主要用于清塘及防治细菌性皮肤病、溃疡病、出血病等。全池泼洒 0.2 ～ 0.5 mg/L，休药期需要 10 天以上，使用过程中勿用金属容器盛装，不能与其他消毒剂混用。

5. 过氧乙酸

主要用于防治细菌性皮肤病、烂鳃病、出血病、真菌病等。10 mg/L 浸浴 5 ～ 10 min，0.1 ～ 0.2 mg/L 全池泼洒，休药期在 5 天以上，使用过程中勿用金属容器盛装，不能与其他消毒剂混用。

6. 氯化钠（食盐）

主要用于防治细菌、真菌或寄生虫病，根据病情使用 1% ～ 3% 浓度的食盐溶液浸浴 5 ～ 20 min。

7. 高锰酸钾（过锰酸钾）

主要用于杀灭猫头鲻、原生动物。10 ～ 20 mg/L 浸浴 15 ～ 30 min；4 ～ 7 mg/L 进行全池泼洒，如果水中有机物含量过高，则会降低药效，该消毒剂不宜在强烈的阳光下使用。

（二）使用注意事项

1. 要严格控制使用的浓度。消毒剂使用浓度过高，会造成极大危害，且极易造成蝌蚪鳃丝、成蛙体表受损，从而诱发细菌病或寄生虫病，因此必须按规定浓度使用，绝不能提高使用量。

2. 消毒剂类一般不宜连续使用。由于消毒剂类的副作用大，一般消毒剂使用第一次后应间隔 1 ～ 3 天，且使用不超过 3 次。最好的方法是在使用消毒剂时投喂抗生素药饵，以预防消毒剂对机体损伤诱发的疾病。

3. 由于消毒剂作用于体表，不能深入体内，而很多病原体在体内，所以治疗效果有限。改良方法是使用消毒剂时必须配合抗生素药饵同时投喂。

4. 育苗期一般不使用消毒剂，因为苗种个体小，易造成损伤。

5. 一般不建议使用消毒剂对细菌病进行治疗。

第五节　用药方式

一、泼洒法

泼洒法是疾病防治中最常用的一种方法。通常采用对病原体有杀灭或抑制作用的药物来防治疾病，同时使用蛙类安全的药物浓度对蛙池或蝌蚪池进行均匀泼洒。注意两种药物合用时应分别在容器中溶解后调匀使用（邱海波，2006）。蛙卵及蝌蚪要避免使用含氯消毒剂。采用全池泼洒法时应注意以下问题：①泼洒药物时要注意正确丈量水体；②泼洒药物应先充分溶解后再泼洒；③为达到全池均匀泼洒的目的，应从上风处开始逐步向下风处泼洒，其目的是使药液很快在池水中达到均匀；④泼洒时间一般在下午进行，因为这时水温较高，会得到较好的防治效果；⑤蝌蚪在浮头或浮头刚消失时，不能立即泼洒药物，否则容易造成蝌蚪大批死亡；⑥泼洒药物时不要饲喂饲料，应先喂食，后泼药。

二、悬挂法

悬挂法又称挂袋法，通常将药袋放入有微孔的容器中，然后将其置于食台周围或进出水口处，利用药物缓慢的溶解速度，形成高浓度的药区域，达到消毒作用。

三、浸浴法

浸浴法是将黑斑蛙集中在较高浓度药液容器中，其可在短时间内治疗蛙病，杀死体表的原生生物或细菌。浸洗时间和药物用量要视水温高低、蛙的体质灵活掌握。水温高用药量要少，浸洗时间宜短；水温低则相反。发现蛙或蝌蚪难以忍受时，应立即加水或者将蛙或蝌蚪放入清水中（邱海波，2006）。

采用浸洗法防治疾病时，应着重注意以下问题：①药量要计算准确，不要任意加大或减少浓度，以免使蛙药物中毒或造成药物使用无效；②浸洗蝌蚪用水与饲养水池的温度相差不能大于2℃，而浸洗成蛙不能大于5℃；③集中浸洗时，容器中一次放蛙的数量不能太多，以免密度过高造成水体缺氧而死亡；④根据水温、蝌蚪、蛙的忍受程度，灵活掌握浸洗时间的长短；⑤浸洗时应该先配药液，后放浸洗对象，不可两者倒置；⑥浸洗过程始终要有人看护，发现异常应及时转移。

配制药液用清水，漂白粉 10 g/m^3 浸洗蛙体10min；高锰酸钾 20 g/m^3 浸洗 $15 \sim 20 \text{ min}$；碘消毒剂（PVP～1） 50 g/m^3 浸泡蛙卵5min；3%～4%的食盐水溶液浸洗蝌蚪 $5 \sim 10 \text{ min}$（邱海波等，2006）。

四、口服法

口服法是将治疗药物加上黏合剂拌入饲料中投喂，以达到内服治病或预防的作用。药物要拌匀，投喂量比正常投喂减少20%，该方法一般是治疗细菌性疾病或是寄生虫病，如棘头病、链球菌病等。食台用泡沫塑料垫高至出水面 $1 \sim 2 \text{ cm}$，此时人工填喂药饵效果更好。

采用口服法治疗蛙病应注意以下问题：①计算用药量时，不能单独以生病的个体数来计算，而应将所有能吃食的个体数都计算在内；具体计算内服药量时，首先需要计算出蛙的单位体重标准用量或饲料药物添加量，即可算出实际投药量。如果使用新开发药物来治疗蛙，那么每千克蛙的用药量可参照人体标准用量的4%～10%。②口服疗法一般每个疗程5～7天，第1天用量加倍，第2天后（含第2天）减半；如果病情严重，隔2～3天再服第2疗程；病情明显好转时，尚需继续投药2～3天，甚至再加1个疗程加以巩固。口服用于预防，每半个月1次，每次连服3天。④投喂口服药时，喂药前最好停食1天，每天的投喂量要比正常量减少20%，以保证药物能被蛙全部摄食，并能达到药物要求的浓度。

五、注射法

注射法是将药剂注射到蛙腿肌肉或颌下囊内，注射后静置片刻，再小心将蛙放入池内（张明，2004）。操作时应注意：①注射一般采用肌内注射，部位在大腿臀部肌肉处，针头呈45°进针，深度为1～1.5 cm；②注射用具使用前要经高温消毒，针头一般为6～8号，配药时可用2号针头。

六、涂抹法

涂抹法是将药物软膏涂在细菌感染或受伤部位的治疗方法，常用药物有鱼石脂软膏等。涂抹法具有直接、简单、安全的特点，如用各种抗生素软膏涂抹蛙的外伤，都有较好的防治效果。涂抹前先将伤口进行冲洗，必要时用器械刮掉病灶上的腐肉、脓疱等，再涂抹药物。由于蛙生活在水中，用于涂抹的药剂应具有足够的黏附力，能较牢固地附着在伤口表面，药物在水中溶解缓慢，效果要既快又好。用药涂抹后，应把蛙离水搁置一段时间，保障药剂可以充分发挥治疗作用。

七、浸沤法

浸沤法常用草药防治疾病，即将草药扎成捆，浸泡在池塘上风处或进水口处，让浸泡出的有效成分扩散到池中，起到防治疾病的效果。

第十一章　黑斑蛙疾病防控与诊治

较于野外蛙种，养殖蛙类具有群体密度高、环境质量差、食物营养条件单一等特征，其更容易遭受疾病的影响。蛙类疾病种类众多，有的是因为环境气候骤变引起的应激反应，有的是由病原体感染引起，有的疾病却是食物成分或品质差造成的。

气候骤变会导致蝌蚪和蛙发生应激性反应，出现食欲不振、精神萎靡等症状，过烈的气候变化甚至能引起蛙或蝌蚪的大量死亡。病原体感染引起的疾病可分为两类，即寄生非传染性疾病和传染性疾病。寄生性疾病通常是由原生动物、小型寄生动物寄生于蛙类体内或体表，通过抢夺宿主体内营养物质导致宿主体质下降，或者破坏宿主组织器官导致创伤性感染或机能下降进而产生的疾病，如车轮虫感染、纤毛虫感染等疾病。传染性疾病主要是由病毒、细菌、霉菌等病原体侵染蛙体造成的疾病，不仅传染性强、死亡率高，并且难以有效治疗，是导致养殖户大量亏损的主要原因之一和头痛的首要问题。食物引起的疾病通常表现为消化道疾病，而许多其他疾病的产生往往是因此类疾病得以发展的，因此，消化道疾病需要格外重视。

因此本章重点介绍黑斑蛙养殖过程中常见的疾病以及预防和治疗方法，希望读者朋友能在本章的介绍中有所收益，从而帮助养殖户减少黑斑蛙疾病的发生。

第一节　疾病检测

疾病检测主要是为了判断疾病症状特征，诊断出疾病类型，从而快速有效地对症预防和治疗，减少养殖场的损失。疾病检测方法主要包括三类：体外观察、解剖观察和镜检。

一、体外观察

体外观察是直接通过肉眼观察黑斑蛙个体外部形态和活动特征，此方法主要用于已患病蛙的疾病诊断。由于黑斑蛙患病初期所表现的病症不明显，不容易被肉眼直接观察到，因此体外观察有明显病症的蛙往往是已经发展到较为严重的时期。

体外观察主要观察两个方面：一是病蛙的外部形态是否异样。外部形态包括姿态、皮肤、头部、眼睛、口腔、四肢、背腹部、肛门等，蝌蚪还包括尾部。正常健康的蛙其姿态端正精神、肤色干净艳丽、肤质光滑、眼睛有神、四肢完整无损无畸形、背腹部无异样、肛门正常，蝌蚪同理且尾部无残缺。患病蛙则常表现为姿势瘫软无力、皮肤暗淡或溃烂、头部倾斜、眼睛无神、口腔溃烂、四肢活动不自然或残缺、背腹部肿大、肛门红肿脱肛等情况。二是观察蛙的活动是否正常。一般患病后的黑斑蛙活动和取食都会受到一定程度的影响，常表现为活动量下降，待在角落或者不活动，不觅食，摄食量严重减少，身体在水中转圈打滚。此时，根据以上特征大致可以判断黑斑蛙患病的类型。

二、解剖观察

体外观察主要对表现出异常情况的蛙的病症判断，对于一些疾病的初期阶段，通过体外观察是很难有效辨别的。然而，许多蛙类疾病通常是由体内器官病变而逐渐发展到体外，如消化道疾病。因此，饲养期间养殖人员需要定期对黑斑蛙进行随机解剖，观察内部器官的生理健康状况，才能有效地判断养殖蛙患病状况，从而防止黑斑蛙疾病的发生及蔓延。

用剪刀直接在蛙腹部从肛门处剪开至头部，仔细观察心、肝、胆、肺、胃、肠、肾、膀胱等内部器官是否发生病变。常见的肠胃炎表现为肠胃充血肿大、无食物，中毒则会导致肝胆病变发黑、颜色不正常；歪头病的前期症状征兆则是后背脊柱因病变肿大；部分疾病也会导致腹水现象（见图 11-1）。

图 11-1　健康蛙内脏器官（左）　中毒后黑斑蛙内脏器官（右）解剖图

三、镜检

以上两种方法能够判断出绝大多数的疾病，但若要了解导致病变的根源或病原体，则需要进一步通过显微镜镜检的方式来判断，部分蝌蚪的感染则更是需要采用镜检的方式才能判断出病原体。对于条件好的蛙类养殖户，可以考虑配套此类检测设施。

第二节　疾病及防控

一、纤毛虫感染

（一）发病症状

蝌蚪感染纤毛虫后主要症状为仰面漂浮、不游动、食欲低甚至不吃饲料，皮肤及尾部开始溃烂。该病主要发生在蝌蚪下池后一个月内，其间降雨后出现气温骤然上升、水质过于清瘦、池底土质变坏，蝌蚪营养元素没有及时跟上蝌蚪生长速度而导致的感染。此外，放养密度过大、没有及时杀虫也会导致纤毛虫感染（图 11-2）。

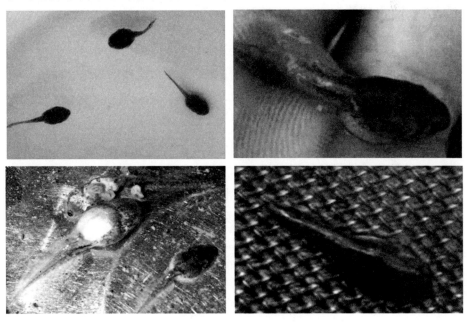

图 11-2　纤毛虫感染的黑斑蛙蝌蚪

（二）预防方案

1. 严格控制放养密度，对大部分养殖场来说，每亩投放蝌蚪尾数应控制在 15 万以内。

2．分级饲养、集中开口、少食多餐，保证蝌蚪采食均匀，大小一致。

3．使用山泉水和井水作为水源时，要根据当地发病情况，进行必要的水肥管理。

4．下雨后使用氧化除臭剂除臭改底。

（三）减损方案

1．使用纤毛虫一次净 $0.3 \ mL/m^3 \sim 0.5 \ mL/m^3$ 泼洒。

2．使用硫酸铜 $0.5 \ g/m^3$ 泼洒。

注意：使用杀虫药前，应先在 $1 \sim 3$ 个蛙池内试用，观察 $1 \sim 2$ 天；确保蝌蚪没有中毒迹象后，再大面积使用。

二、原虫感染

由于水中悬浮物过多，蝌蚪摄食后消化不良；遇到时晴时雨的天气，人为放养密度高，投喂饵料不够，没有及时驱虫，这些因素综合时极易引发蝌蚪原虫感染。

（一）预防方案

1．尽量缩短粉料的使用时间。

2．定时、定量投喂，不要让蝌蚪长期处于饥饿状态。

3．使用浓缩 EM 菌粉拌料投喂蝌蚪。

4．对大部分养殖场来说，每亩投放蝌蚪尾数应控制在 15 万以内。

5．蝌蚪养殖中后期使用驱虫净和蛙虫清一起内服，共驱虫 2 次，每次连续内服 7 天。

（二）减损方案

1．使用出血康 $0.5 \ mL/m^3$ 泼洒，连用 $2 \sim 3$ 次。

2．如果水质老化，应先换水后，再泼洒出血康，否则效果较差。

3．病情严重时，在外泼的基础上，500 g 饲料拌恩舒和蛙肝泰各 $6 \sim 8$ g 进行治疗；有腹水时每 500 g 饲料加阿莫西林 $6 \sim 8$ g；有肠炎时 500 g

饲料加新霉泰 6 ～ 8 g。

4．浮游动物过量时，先用红虫水蚤净 0.3 mL/m³ ～ 0.5 mL/m³ 进行杀灭。

三、蝌蚪气泡病

（一）发病症状

蝌蚪期常见疾病，患病蝌蚪在水中不能保持身体平衡，浮在水面上，可肉眼直接观察到蝌蚪腹部膨胀并出现透明气泡，实则为肠道部位充气（见图 11-3）。病因主要包括：水体中藻类、细菌过多繁殖，气温升高导致水中发酵产生大量气泡，蝌蚪误食后造成；另外，消化不良、投喂过多、换水不彻底也会导致气泡病的发生，其主要发生在蝌蚪下池后一段时间。

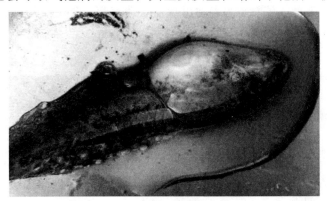

图 11-3　黑斑蛙蝌蚪的气泡病

（二）预防方案

1．中午温度高时，要避开此时间投喂饲料。应对方法：加深水位，加大换水频率，降低水温。

2．选择易消化饲料投喂。

3．少量多餐投喂，不能长期超量投喂。

（三）减损方案

1．大量换水，然后每立方米水体使用粗盐 20 ～ 50 g 兑水后全池泼洒，能够有效缓解病情。

2．同时使用藿香正气水外泼和内服，效果更佳（内服 25 kg 饲料拌入 200 ～ 400 mL，外泼水体使用 10 ～ 20 mL /m³）。

3．对于特别严重的气泡病，可在采取上述方法的同时，使用遮阳网遮盖阳光。

四、出血性疾病

（一）病症特征

1．蝌蚪：发病后腹部肿大，表皮有斑点状出血点，眼眶出血突出，个别烂尾。解剖后腹水明显，肠道充血，严重时呈紫红色，肝紫红或土黄色，胆汁墨绿色，濒死蝌蚪会在水中打转（见图 11-4）。

2．蛙：厌食或停食，体表常出现点状溃疡斑，少数较大病蛙腹部膨胀。腹部少量积水且呈淡红色；肝充血呈紫色或白色；胃充血，无食，多有暗红色黏液，时有少量凝血块；肺充血或失血。

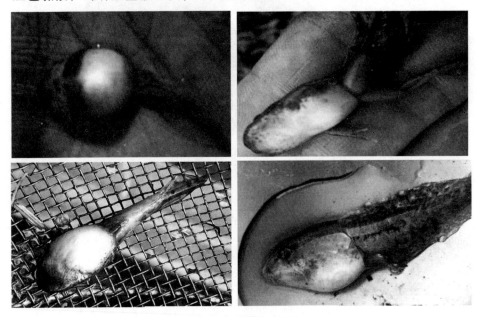

图 11-4　黑斑蛙蝌蚪的出血病

（二）预防方案

1. 水源存在有机污染时，应先在蓄水池内集中消毒后才能使用。

2. 大量换水时，必须消毒。

3. 每次下大雨后，必须消毒。

4. 正常情况下 10 天左右进行一次消毒。

5. 正常情况下，10～15 天杀一次虫。

6. 不能一次性投喂过多。

7. 保持水质清爽。

（三）减损方案

1. 使用出血康 0.5 mL/m³ 泼洒，连用 2～3 次。

2. 如果水质老化，应先换水，再泼洒出血康，避免使用效果较差。

3. 病情严重时，在外泼的基础上，500 g 饲料拌恩舒和蛙肝泰各 6～8 g 进行治疗；有腹水时 500 g 饲料加阿莫西林 6～8 g，有肠炎时 500 g 饲料加新霉泰 6～8 g。

4. 浮游动物过量时，先用红虫水蚤净 0.3 mL/m³～0.5 mL/m³ 进行杀灭。

5. 纤毛虫感染时，先用纤毛虫一次净 0.3 mL/m³～0.5 mL/m³ 进行杀灭。

五、腐皮病

（一）发病症状

患病蛙表现为体表黏液减少，湿润度下降，随后头部、背部或四肢出现白色斑纹或裂纹，裂纹随时间开始腐烂、脱落，并露出皮肤下肌肉组织，严重时整个部位皮肤都将腐烂；个别蛙出现四肢红肿、关节发炎肿胀等症状。该病由水体和身体接触感染，多发生变态成蛙身上，发病率高，传播速度快，死亡率也高。

（二）预防方案

1. 保证黑斑蛙摄食营养全面，在平时的饲料中加拌维生素进行投喂。

2. 保持蛙池内水质清新，定期换水，及时清洗食台，定期对水体消毒。

（三）减损方案

1. 发病后使用菲诺水源净和腐皮溃疡灵兑水全池喷雾，主要喷在蛙的皮肤上，连续使用 2 ~ 3 天。

2. 若效果不佳，可先彻底换水，加新水至淹没食台区，再用腐皮溃疡灵和蛙普健泼洒全池，药物浸浴 3 h 左右再放水至原水位。

六、变态期综合征

（一）病症特征

常见的变态期综合征包括变态发育四肢不全、不能完全变态、畸形、上岸后歪头等症状（见图 11-5）。主要是由于在蝌蚪养殖阶段造成的擦伤、撞伤、压伤，没有及时处理愈合，导致长时间的细菌感染、寄生虫感染。内部因素主要是维生素、钙等营养缺乏，肝脏长期过压受损等；人为的投喂过量、消毒不彻底、杀虫不到位也会引起变态期综合征。

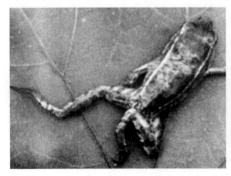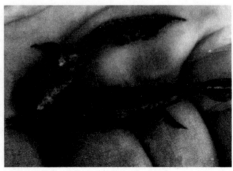

图 11-5　黑斑蛙变态畸形幼蛙

（二）预防方案

1. 蝌蚪和青蛙全程使用蛙普健内服。

2. 蝌蚪开始长后腿到幼蛙上岸开口期间，使用健壮套餐和芪参多糖一起内服。

3. 少量多餐投喂，不能长期超量投喂。

4. 阴雨天气时，使用健壮套餐和芪参多糖一起内服。

5. 使用优质种蛙进行繁殖，种蛙应区别于商品蛙进行单独养殖。

6. 蛙池的角落做成弧形，围网和拉线横平竖直。

7. 发现寄生虫感染时，要及时杀灭病原体。

（三）减损方案

1. 使用蛙普健、健壮套餐和芪参多糖一起内服（按说明书剂量加倍使用）；肝脏受损时，500 g 饲料加蛙肝泰 6～8 g 同时内服。

2. 500 g 水加入腐皮溃疡灵 1～2 mL，全池喷雾；严重时，连用 2～3 日。

3. 幼蛙开口缓慢时加大蒜素和破壁酵母一起内服（按说明书加倍使用）。

七、肠胃炎疾病

（一）发病症状

患病蛙起初表现为东游西窜，随后停止进食，钻入土中或躲在食台缝隙中休息，缩头弓背、双目紧闭、反应迟钝、身体瘫软、毫无精神。解剖后可观察到肠胃充血、肿大、发炎，无食物。该病在蛙变态后几周的幼蛙身上极易发生，成蛙中时有出现，该病传染性强，不易治疗。

（二）预防方案

1. 定期换水、解毒、改底、调水。

2. 合理控制饲料投喂量。

3. 定期使用蛙肝泰和蛙肠乐混合饲料投喂，能有效减少该病发生。

（三）减损方案

1．发病时，先停止喂食，及时换水。

2．然后使用蛙肝泰、蛙普健和蛙肠乐混合兑水外泼，用量为每立方米水体 4 g 蛙肝泰、4 g 蛙普健和 1 g 蛙肠乐，持续 2 天。

3．随后投喂量减半，500 g 饲料使用特制强肝散、蛙普健和蛙肠乐各 4 g 拌料内服。特别严重时，上述方案需持续使用。

八、肝肠坏死

（一）病症特征

该病多发生在中蛙、成蛙阶段，往往发病时未见其他症状就突然死亡（见图 11-6）。该病诱因主要包括环境中有毒物质的长期超标、长期喂食霉变有毒的饵料和长期投喂过量。

（二）预防方案

1．不能一次性投喂过多（以半小时内采食完为宜）。

2．保持料台整洁，定期清洗料台。

3．不使用过期和变质饲料喂养蝌蚪和青蛙。

4．不滥用杀虫药和磺胺类药物。

5．流水养殖可以减少环境中有毒物质的累积，从而起到预防本病的作用。

6．合理使用保肝护肠药物。

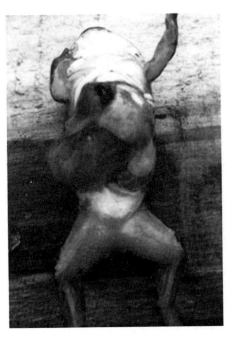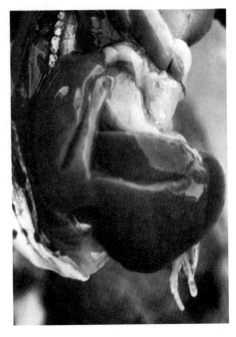

图 11-6　黑斑蛙幼蛙肝肠坏死

（三）减损方案

1. 先将投喂量减半，随后 500 g 饲料拌入新霉泰、蛙肝泰和 VC 抗激肽各 6 ～ 8 g，连续内服 5 ～ 7 天。

2. 病情严重时 500 g 饲料再加入阿莫西林 6 ～ 8 g 联合用药。

3. 病蛙或蝌蚪闭口时，先停料一天，每立方米水体使用蛙肝泰 5 g和腐皮溃疡灵 0.5 g 外泼，随后再使用上述内服方法处理。

九、呼吸道病变

（一）病症特征

温度突然变化、天气时晴时雨而养殖池没有足够的躲避场所、蝌蚪喂养期间长期的水质不良、蝌蚪变态期发生细菌感染等原因引起的蛙肺泡炎症（见图 11-7），其表现为蛙肺部明显膨胀，弹性减弱，布满血丝。

图 11-7　黑斑蛙成体呼吸道疾病

（二）预防方案

1. 改革养殖模式，从露天养殖模式向半封闭或者全封闭养殖模式转变。

2. 气温突变和下雨前后使用蛙肺宁内服，扩张肺部血管，减少炎性反应。

3. 蝌蚪的呼吸器官是鳃，变态后鳃消失，肺出现；好水养好鳃，好鳃变好肺；做好蝌蚪期水质管理，能有效减少幼蛙呼吸道病变。

（三）减损方案

500 g 饲料使用阿莫西林或氟苯康和蛙肺宁各 6 ～ 8 g 内服 3 天。

十、中枢病变

（一）发病症状

眼膜发白，运动和平衡机理失调。发病后，病蛙精神不振、头低垂、行动迟缓、食欲减退或不摄食，常表现为白内障、歪脖子和腹水等症状（见图 11-8）。白内障表现特征为病蛙个体双眼呈白色膜状甚至会突出，失去视觉；歪脖子表现特征为发病个体头部歪向一侧，常在水中不停地打转，在陆地上不能正常跳动，解剖后会发现脊柱两侧有明显的白色脓肿物；腹水表现特征为病蛙瘫软，腹部膨大，解剖后腹部大量积水。急性患病个体通常只表现出歪脖子症状后就立刻死亡，而慢性患病个体通常会同时患上其中两种或两种以上的病症，是黑斑蛙养殖中尚未克服的病症。目前，中枢疾病被认为主要是由细菌感染、长期慢性中毒、长期过量投喂变质饲料导致。

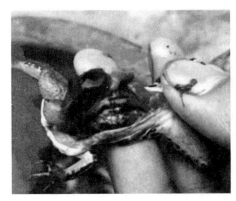

图 11-8　黑斑蛙中枢病变

（二）预防方案

1．避免一次性投喂过多，少食多餐，合理投喂。

2．保持料台整洁，定期清洗料台。

3．不使用过期和变质饲料喂养蝌蚪和青蛙。

4．蝌蚪变态阶段，要减少投喂量，补充促进脑部发育的维生素 AD（健壮套餐）。

5．分级饲养，集中开口，少食多餐；蝌蚪养得越均匀、越健康时，脑部病变越少。

6．让青蛙和蝌蚪保持适度的饥饿感，是预防本病的有效方法。

7．已经大面积暴发过脑部病变的场地，来年再发病的概率极高。建议这类蛙场在越冬前把所有的健康蛙全部卖掉。

（三）减损方案

1. 定期解剖青蛙，发现脑部病变的标志物增多时，立即使用氨苄西林或阿莫西林、恩舒和蛙肝泰各 6～8 g 内服 5 天。

2. 使用菲诺水源净或出血康浸泡消毒，连用 3 天（每立方米水体用 0.5 mL）。

十一、浮游动物过度繁殖

蝌蚪养殖水体中浮游动物过度繁殖将导致水体中肉眼可见四处游动的虫子，原因是长期投喂饵料过剩或蝌蚪池内长期处于死水，天气致使水体中有机物质累积过多，浮游动物大量滋生；另外，蝌蚪密度过小，无法消耗掉滋生的浮游动物。

（一）预防方案

1. 加注新水时进行必要的过滤。

2. 尽量缩短粉料使用时间。

3. 分级饲养，集中开口，少食多餐，减少饲料浪费。

4. 水突然变浑浊时，要及时杀虫。

（二）减损方案

1. 使用红虫水蚤净 0.3 mL/m^3～0.5 mL/m^3 兑水泼洒。

2. 使用晶体敌百虫 0.5 g/m^3 兑水泼洒。

注：使用杀虫药前，应先在 1～3 个蛙池内试用，观察 1～2 天；确保蝌蚪没有中毒迹象后，再大面积使用。

第三节　用药注意事项

蛙类用药虽然能有效防治疾病，但若不能合理使用药物也会适得其反。

1. 不要盲目加大药物使用量。俗话说"是药三分毒"，对于池塘环境来讲，无论是杀虫药物还是杀菌药物，均会杀死养殖水体的浮游生物，使水质变清澈，水体的透明度增加，溶氧量下降，其容易造成缺氧翻塘或铵态氮含量上升。盲目加大用药量既增加了用药成本，又造成药物的安全性问题。

2. 注意药物的协同与拮抗作用。协同作用是指两种或两种以上的药物联合使用时，其疗效会比它们单独使用时更强。拮抗作用是指两种或两种以上的药物联合使用时发生某些化学变化，使疗效降低或无效，甚至产生毒性。如生石灰与敌百虫联合使用会生成毒性极强的二氯松（俗称"敌敌畏"），极易引起中毒死亡。大多数的消毒药物如高锰酸钾、漂白粉、强氯精等呈酸性，不能与碱性如生石灰混合使用。

3. 不要使用过期以及违禁药品。过期药品往往会失效，很多时候非但不能产生疗效，还会延误救治时间，甚至引起黑斑蛙中毒死亡。禁用药品的残留量大，易产生耐药性，对人体还有致癌作用。

4. 切勿病急乱投医、频繁用药。使用不少药物后黑斑蛙仍然可能出现大面积死亡，这是因为一些体质弱、感染疾病严重的个体在受到药物的刺激后，产生药物应激反应，因此发生严重疾病时用药后黑斑蛙死亡是极为正常的事情。黑斑蛙的疾病治疗需要一定的疗程，发生寄生虫病，通常1～2天为一个疗程就可以治愈疾病；如果发生细菌性、病毒性疾病，则需要3～5天为一个疗程治愈疾病；如果细菌性疾病用药3天后死亡减少，摄食恢复正常，说明药物有效。在用药后，根据病情的表现程度可判定该药物或治疗方法是否有效。

5. 注意高温季节用药时间。通常向池塘泼洒药物的时间为早上8时～9时或下午3时～5时，原因是该段时间的蛙停止摄食，是最佳时间；如果高温季节中午气温超过38℃用药，杀虫类药液挥发加快和毒性增加将导致防治蛙病的效果差，并造成黑斑蛙缺氧或中毒。

第十二章 黑斑蛙敌害生物的防治

黑斑蛙养殖过程中，养殖户除了要防范蛙感染疾病，还要警惕和注意威胁蛙的生命和健康的有害生物。本章详细介绍黑斑蛙的各类敌害和具体的防治措施。

一、藻类滋生的防治

黑斑蛙蝌蚪与成体饲养期间，饲料残留和排泄物沉积常常会导致池内水滋生水绵、水网藻、轮藻、丝藻等藻类植物，过多藻类将会对蛙尤其是蝌蚪的活动和取食造成巨大的阻碍，因此需要人工清理掉这些水藻（见图12-1）。水体的富营养化是导致藻类植物滋生的根本原因，当阳光充足、温度适宜时，藻类植物会快速进行光合作用，大量繁殖，极短时间内就能充满整个水池。

防治措施：

1. 采用流水养殖能降低水体富营养化程度，可有效减缓藻类的滋生速度。

2. 藻类少量滋生时，可人工进行捞除。

3. 藻类繁殖过多会严重影响蛙和蝌蚪的正常活动，可采用药物去除的方式。去除水绵、水网藻、丝藻等藻类，可用市面上有效且不伤害蛙和蝌蚪的除藻类药品，如青苔净等。用法按照说明用量，兑水泼洒在有藻类滋生的蛙池中，待一段时间后对蛙池进行彻底换水；但青苔净对轮藻效果不大，需要通过人工捞除。

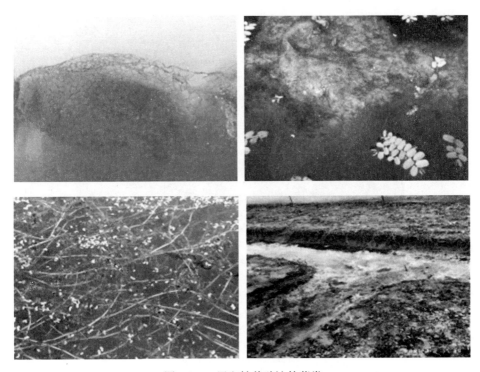

图 12-1　黑斑蛙养殖池的藻类

二、浮萍、水草的防治

由于水源、水质、土质和饲养管理等特点，部分养殖户饲养期间总会遇到蛙池里生长大量的水生植物，如浮萍、水草等（见图 12-2）。适量的水生植物可以起到遮阴避暑、净化水质的作用，但过量的水草会影响蛙和蝌蚪的活动和取食，需要进行人工处理去除。

防治措施：

每年的 4～6 月是浮萍开花繁殖季节，这段时间要重点关注蛙池里水生植物的生长情况，当池中浮萍、水草过多时，须及时捞出；尤其是蝌蚪池，避免蝌蚪不能及时取食而生长缓慢。

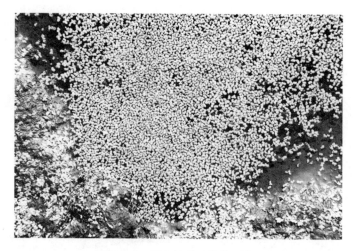

图 12-2　黑斑蛙养殖池的浮萍

三、水蛭的防治

水蛭呈扁形、软体，一般为青绿色，有前后吸盘，是蛙类养殖过程中时常遇到的敌害（见图 12-3）。水蛭时常出没在水中，能够寄生在蝌蚪和蛙体表，通过吸盘将头部伸入皮内吸食血液，虽然该方式不会立即致宿主死亡，但会影响其生长发育。部分成蛙误食水蛭，使蛙的消化道破壁导致个体死亡。

图 12-3　黑斑蛙养殖池的水蛭

防治措施：

1．放养前需对蛙池进行彻底的清池消毒，部分水蛭可通过水源进入蛙池，因此，尽量对水源杀菌消毒。

2．若蛙池已经出现水蛭较多的现象，可每立方米水体使用0.3～0.5 mL阿维菌素全池泼洒。

四、大型水生昆虫的防治

龙虱为鞘翅目昆虫，身体扁形，幼体为褐色，成体为黑褐色；蜻蜓为有翅目昆虫，幼体呈长条形，灰白色，头部有发达的口器（见图12-4）。龙虱和蜻蜓幼虫是蛙类养殖蝌蚪时期的猎食者，若不及时处理，龙虱和蜻蜓幼虫会大量捕食幼体蝌蚪，导致蝌蚪大量减少。造成的原因包括放苗前清塘不彻底、天网的网目过大导致大量虫卵和外面的昆虫进入养殖场繁殖。此外，进水口未彻底过滤杀虫也会诱发虫害。

防治措施：

1．加大甲氰菊酯、漂白粉、生石灰等药物的清塘力度。

2．使用网目小的天网。

3．加注新水时，进行必要的过滤。

4．发生虫害时使用吡虫啉（含量10%），2 g/m³泼洒，能有效杀死该类害虫。

注：使用杀虫药前，应先在1～3个蛙池内试用，观察1～2天，确保蝌蚪没有中毒迹象后，再大面积使用。

图12-4 养殖池的水生昆虫（左：蜻蜓幼虫；右：龙虱）

五、水生脊椎动物的防治

乌鱼、鲤鱼、鲫鱼、黄鳝等肉食类或杂食类鱼会吞食蝌蚪，这些鱼类数量过多时会导致蝌蚪数量减少，需要及时处理（见图12-5）。

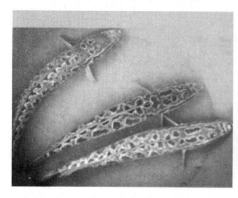

图 12-5　黑斑蛙养殖池的大型水生动物（左：乌鱼；右：黄鳝）

防治措施：

鱼鳝类防治主要为源头防治，放苗前彻底做好清池消毒处理，水源做好进水口密网过滤处理。

六、同类残食的防治

黑斑蛙群体有大蛙吃小蛙，同类残食的现象，如不进行处理会导致养殖数量减少。

防治措施：

防范黑斑蛙同类残食，最好的办法是对蛙池中的蛙按体形大小进行分池喂养。

七、大型陆生脊椎动物的防治

蛇、鼠、猫、鸟等较大型的食肉动物和杂食动物以蛙为食，在养殖过程是防范的重要对象。

防治措施：在蛙场建设过程中需要建立隔离网墙来阻挡这类动物进入蛙池。经常巡池，发现动物要及时捕杀或赶出养殖场，此外，要随时检查隔离网墙是否出现漏洞；若发现漏洞，应进行修补和加固。

八、预防偷盗

养殖场还需预防偷盗，最好的方法是在养殖场安装照明和电子监控设施；同时养殖人员的休息场所不宜离养殖场太远，以便迅速对突发事件做出反应。如发现违法事件，第一时间报警，联系执法部门。

参考文献

[1] 鲍方印，王峻.黑斑蛙繁殖期血液中性激素的变化与性腺发育关系 [J].安徽农业技术师范学院学报，2000(2)：43-45.

[2] 曹玉萍，白明，马荣，等.黑斑蛙蛰眠前后形态生理生态变化初探 [J].四川动物，2000(3)：159-162.

[3] 陈为民.蛙类养殖过程中的用药常识 [J].内陆水产，2006(2)：38-39.

[4] 刁颖，祁冲，袁丽丽.哺乳动物的冬眠及其影响因素 [J].生物学通报，2006(8)：14-16.

[5] 费梁，胡淑琴，叶昌媛，等.中国动物志—两栖纲(下卷)无尾目蛙科 [M].北京：科学出版社，2009.

[6] 福建省水产技术推广总站.大黄鱼养殖技术 [M].北京：海洋出版社，2018.

[7] 葛瑞昌，冯伯森，全允栩.花背蟾蜍 (*Bufo naddei Strauch*) 的早期胚胎发育及分期 [J].兰州大学学报，1982(4)：125-136.

[8] 海波，江宽，高建.防治蛙病的几种良法 [J].小康生活，2006(5)：32.

[9] 胡梦如.雌二醇、温度、猪胎衣对中国林蛙性别及蝌蚪生长发育的影响 [D].沈阳：沈阳农业大学，2016.

[10] 贾泽信，高行宜，姚军，等.新疆发现黑斑蛙 [J].干旱区研究，1993(1)：14.

[11] 李斌.中国林蛙生长和繁殖的研究 [D].武汉：武汉大学，2004.

[12] 林植华，张春牛，雷焕宗，等.虎纹蛙肢体超常再生和畸变二例 [J].

台州学院学报，2002(6)：66-67.

[13] 廖文波.华西蟾蜍生活史特征演化 [M].北京：科学出版社，2015.

[14] 聂国兴.经济蛙类营养需求与饲料配制技术 [M].北京：化学工业出版社，2017.

[15] 卿芯妤，杨承忠，赵元莙.我国两栖动物寄生原虫及其对宿主的影响研究 [J].教育教学论坛，2020(17)：139-140.

[16] 邱海波.防治蛙病的几种方法 [J].水利渔业，2006(3)：101.

[17] 王春清，王海玉.中国林蛙与黑龙江林蛙、黑斑蛙、蟾蜍的鉴别 [J].江苏农业科学，2011，39(4)：312-313.

[18] 王晓旭.黑斑蛙养殖试验总结 [J].河南水产，2019(3)：8-9.

[19] 王彦平，武正军，陆萍，等.宁波地区黑斑蛙的繁殖生态和产卵地选择 [J].动物学研究，2007(2)：186-192.

[20] 王应天.青蛙 *Rana nigromaculata* 早期胚胎发育 [J].北京大学学报（自然科学版），1958(1)：97-106+122-131.

[21] 王玉柱，刘文舒，李思明，等.不同水温对黑斑蛙胚胎发育的影响 [J].水产科学，2020，39(6)：941-946.

[22] 吴云龙.黑斑蛙自然冬眠时肥满度与某些内脏器官的变化 [J].动物学杂志，1965(3)：116-119.

[23] 习志江，虞鹏程，简少卿，等.常见蛙病及防治对策 [J].内陆水产，2004(1)：35-36.

[24] 鲜盼盼.10 种蛙蟾类的性成熟年龄、生长和寿命的骨龄学分析 [D].西安：陕西师范大学，2017.

[25] 张立峰，高武.北京稻区夏秋季黑斑蛙的食性分析 [J].北京师范学院学报（自然科学版），1989(3)：51-55.

[26] 张明.蛙病的防治 [N].山西科技报，2004.

[27] 赵尔宓.介绍一种蛙类胚胎及蝌蚪发育的分期 [J].生物学通报，1990(1)：13-15.

[28] 周立志，宋榆均，田蕴.长春市南湖公园两栖类的生境选择和营养生

态的初步研究 [J]. 淮北煤师院学报（自然科学版），1998(1)：64-70.

[29] 朱宁生，刘建康. 黑斑蛙之胚胎演发程序 [J]. 科学，1950(3)：90-91.

[30] 朱治平，施履吉. 黑斑蛙 *Rana nigromaculata* 正常发育表 [J]. 解剖学报，1957(1)：61-66.

[31] ANDERSSON M. Sexual selection[M]. Princeton:Princeton University Press, 1994.

[32] HILTON C, LINZEY A V, ATSON J L, et al. The IUCN red list of threatened species[M]. IUCN-The world conservation union, 2000.

[33] HOWATD R D. Sexual dimorphism in bullfrogs[J]. Ecology, 1981,62(2), 303-310.

[34]KATSIKAROS K,SHINE R. Sexual dimorphism in the tusked frog, Adelotus brevis(Anura: Myobatrachidae): The roles of natural and sexual selection[J]. Biological Journal of the Linnean Society, 1997, 60(1): 39-51.

[35] LAUHEN A T, LAURILA A, JONSSON K I, et al. Do common frogs (Rana temporaria) follow Bergmann's rule? [J]. Evolutionary Ecology Research, 2005, 7 (6): 717-731.

[36] LIAO W B, LUO Y, LOU S L, et al. Geographic variation in life-history traits: growth season affects age structure, egg size and clutch size in Andrew's toad (Bufo andrewsi)[J]. Frontiers in Zoology, 2016, 13(1): 6.

[37] LIAO W B, LU X, JEHLE R. Altitudinal variation in maternal investment and trade-off between egg size and clutch size in the Andrew's Toad (Bufo andrewsi)[J]. Journal of Zoology, 2014, 293(2): 84-91.

[38] LIAO W B, ZENG Y, YANG J D. Sexual size dimorphism in anurans: roles of mating system and habitat types[J]. Frontiers in Zoology, 2013(10): 65.

[39] LI Y Y, MENG T, GAO K, et al. Gonadal differentiation and its sensitivity to androgens during development of *Pelophylax nigromaculatus*[J]. Aquatic Toxicology, 2018, 202: 188-195.

[40] PARKER G A. The evolution of sexual size dimorphism in fish[J].Journal

of Fish Biology ,2006,41(1):1-20.

[41] REZNICK D N, BUTLER M J, Roold F H, et al. Life-history evolution in guppies (Poecilia reticulata). Differential mortality as a mechanism for natural selection[J]. Evolution,1996, 50(4): 1651-1660.

[42] ROFF D A. Life history evolution[M]. Sunderland MA: Sinauer Associates: 2002.